页岩中的油气运移

［韩］李坤生　［韩］金泰洪　著

白雪峰　孙国昕　付百舟　刘　筝　王黎莎　冯明溪　译

石油工业出版社

内容提要

本书针对岩石物理特征、运移机制和在油田规模油藏模拟中的应用进行系统总结,介绍了页岩储层的发展和研究现状、岩石物理特征、主要运移机制、页岩油气储层模拟、新兴技术等,讨论了基于复杂运移机制的页岩储层建模的系统方法,强调了岩石物理特征及其对运移机制的影响因素,填补了关于页岩储层运移现象综合论述的空白,对我国加快更大范围页岩气工业化规模开发具有重要借鉴意义。

本书可供从事非常规油气勘探的科研人员及大专院校相关专业师生参考借鉴。

图书在版编目(CIP)数据

页岩中的油气运移 /(韩)李坤生,(韩)金泰洪著;白雪峰等译 . — 北京:石油工业出版社,2024.4

书名原文:Transport in Shale Reservoirs

ISBN 978-7-5183-6618-7

Ⅰ.①页… Ⅱ.①李… ②金… ③白… Ⅲ.①油气运移–研究 Ⅳ.① P618.130.1

中国国家版本馆 CIP 数据核字(2024)第 074722 号

Transport in Shale Reservoirs
Kun Sang Lee, Tae Hong Kim
ISBN: 9780128178607
Copyright © 2019 Elsevier Inc. All rights reserved.
Authorized Chinese translation published by Petroleum Industry Press.

《页岩中的油气运移》(白雪峰、孙国昕、付百舟、刘筝、王黎莎、冯明溪译)
ISBN: 9787518366187
Copyright © Elsevier Inc. and Petroleum Industry Press. All rights reserved.
No part of this publication may be reproduced or transmitted in any form or by any means, electronic or mechanical, including photocopying, recording, or any information storage and retrieval system, without permission in writing from Elsevier (Singapore) Pte Ltd.
Details on how to seek permission, further information about Elsevier's permissions policies and arrangements with organizations such as the Copyright Clearance Center and the Copyright Licensing Agency, can be found at our website: www.elsevier.com/permissions.
This book and the individual contributions contained in it are protected under copyright by Elsevier Inc. and Petroleum Industry Press (other than as may be noted herein).

This edition of Transport in Shale Reservoirs is published by Petroleum Industry Press under arrangement with ELSEVIER INC.
This edition is authorized for sale in China only, excluding Hong Kong, Macau and Taiwan. Unauthorized export of this edition is a violation of the Copyright Act. Violation of this Law is subject to Civil and Criminal Penalties.

本版由 ELSEVIER INC. 授权石油工业出版社有限公司在中国大陆地区(不包括香港、澳门以及台湾地区)出版发行。
本版仅限在中国大陆地区(不包括香港、澳门以及台湾地区)出版及标价销售。未经许可之出口,视为违反著作权法,将受民事及刑事法律之制裁。
本书封底贴有 Elsevier 防伪标签,无标签者不得销售。

注意

本书涉及领域的知识和实践标准在不断变化。新的研究和经验拓展我们的理解,因此须对研究方法、专业实践或医疗方法作出调整。从业者和研究人员必须始终依靠自身经验和知识来评估和使用本书中提到的所有信息、方法、化合物或本书中描述的实验。在使用这些信息或方法时,他们应注意自身和他人的安全,包括注意他们负有专业责任的当事人的安全。在法律允许的最大范围内,爱思唯尔、译文的原文作者、原文编辑及原文内容提供者均不对因产品责任、疏忽或其他人身或财产伤害及/或损失承担责任,亦不对由于使用或操作文中提到的方法、产品、说明或思想而导致的人身或财产伤害及/或损失承担责任。

北京市版权局著作权合同登记号为:01-2024-1895

出版发行:石油工业出版社
 (北京安定门外安华里 2 区 1 号 100011)
 网　址:www.petropub.com
 编辑部:(010)64222261　图书营销中心:(010)64523633
经　销:全国新华书店
印　刷:北京中石油彩色印刷有限责任公司

2024 年 4 月第 1 版　2024 年 4 月第 1 次印刷
787×1092 毫米　开本:1/16　印张:9.5
字数:240 千字

定价:100.00 元
(如出现印装质量问题,我社图书营销中心负责调换)
版权所有,翻印必究

PREFACE 前言

　　随着全球能源消耗量的稳步增长，对非常规页岩油气资源的开发力度也在迅速加大。近年来，虽然页岩油气行业发展迅猛，但行业和学术界仍然缺乏相关知识。由于页岩储层具有不同于常规储层的显著特征，要想准确评价页岩储层的特性，必须全面了解储层和流体的特性及运移机理。本书旨在通过数学方法探讨页岩储层的表征与建模。

　　虽然市面上有一些关于页岩油气储层的书籍，但它们大多侧重于地质、经济、环境等方面，而关于页岩储层中油气运移研究的综合性书籍一直处于空白状态。本书重点关注岩石物理特性及其对运移机制的影响，探讨基于复杂运移机制建立页岩储层模型的系统化方法。希望谨以此书清晰地呈现页岩中的油气运移原理、最先进的建模技术、实际应用案例及未来的研究方向。

　　第一章作为引言，追溯了页岩储层的发展和现状。第二章综述了页岩储层的岩石物理特征，如岩性、矿物组成、有机质、孔隙几何形状和裂缝—基质系统。第三章讨论了页岩储层的主要运移机制，包括非达西流、气体吸附、分子扩散、岩石力学和纳米孔隙中的相行为。第四章重点关注页岩油气储层的模拟。第五章介绍了应用于页岩储层的新兴技术，包括二氧化碳注入过程中的多组分运移，以及页岩储层模拟中对有机质的考量。

　　感谢爱思唯尔员工的耐心帮助和出色编辑工作，使得本书得以成功出版。在此向他们所提供的宝贵意见和建议表示衷心感谢！

李坤生

CONTENTS 目录

第一章　绪论 ··· 1
　　第一节　页岩油藏的地质特征 ·· 2
　　第二节　页岩热潮 ·· 3
　　第三节　页岩中的油气运移机制 ·· 4
　　第四节　目标 ·· 5

第二章　页岩储层的岩石物理特性 ·· 6
　　第一节　岩性和矿物组成 ·· 6
　　第二节　有机质 ·· 13
　　第三节　孔隙几何形状 ·· 16
　　第四节　裂缝系统 ·· 20

第三章　页岩储层中特有的油气运移机制 ·· 28
　　第一节　非达西流 ·· 28
　　第二节　气体吸附 ·· 35
　　第三节　纳米级流动 ·· 42
　　第四节　分子扩散 ·· 50
　　第五节　地质力学 ·· 53
　　第六节　纳米孔内的相行为 ·· 57

第四章　页岩储层中的油气运移模拟 ·· 61
　　第一节　页岩储层的数值模拟 ·· 61
　　第二节　页岩气储层的现场应用 ·· 79
　　第三节　页岩油储层的现场应用 ·· 87

第五章　页岩储层技术所面临的挑战 ·· 90
　　第一节　CO_2 注入过程中的多组分运移 ·· 90
　　第二节　页岩储层模拟中考虑有机物因素 ·· 106

参考文献 ·· 114

第一章 绪 论

随着常规油气资源的枯竭以及全球能源消耗量稳定增长,人们对非常规资源的兴趣不断增加。特别是在北美地区,经过水力压裂和水平钻井技术的发展后,页岩油气资源的产量迅速增加。尽管页岩产业发展迅速,但对页岩储层中的流体流动仍未完全了解。与常规页岩储层相比,非常规页岩储层具有复杂的流动机制。页岩储层具有复杂的岩石物理特性,如不同的岩性、矿物组成、有机成分、微小孔隙几何形状及天然裂缝系统,这些岩石物理特性对流体行为有显著影响。在评价页岩储层中的流体流动时,应考虑纳米级孔隙中的非达西流、吸附/解吸、流体流动和相行为变化,以及分子扩散和应力相关性变形。为了准确理解页岩储层中的油气运移,本书对岩石物理特性、油气运移机制及油田规模的储层模拟进行了全面研究。

由于常规资源的快速枯竭和全球能源消耗量的增加,常规油气资源无法满足能源需求。根据《2017年世界能源展望》(IEA,2017),截至2040年,全球能源规模将增长30%。尽管人们对可持续能源和可再生能源开发开展了各种研究,但实现商业化的成本仍然很高。因此,近几十年来,非常规油气资源备受关注。非常规油气是传统开采技术无法开采的油气资源。非常规资源包括致密油、页岩油、油页岩、煤层气(CBM)、致密气、页岩气和天然气水合物。油页岩是一种含有大量有机质(如干酪根)的岩石。煤层气(CBM)是煤层中含有的天然气。天然气水合物是一种冰状的水基结晶固体,其分子腔中含有气体分子。一般来说,开采和加工非常规资源的难度更大、成本更高。图1.1为油气资源的金字塔图。可见金字塔下部的资源比金字塔上部的资源储量更多、生产难度更大、开发成本更高。在各种非常规资源中,页岩油气是迄今为止商业化程度最高的资源。

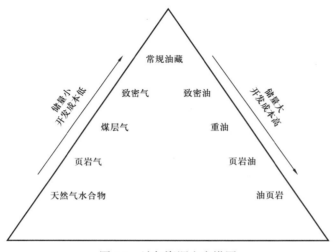

图 1.1 油气资源金字塔图

第一节 页岩油藏的地质特征

近年来，常规油藏日益枯竭，页岩油藏因具有为全球提供大量能源的潜力而备受关注。由于页岩油藏具有不同于常规油藏的各种特点，人们对页岩储层仍缺乏了解。常规油藏由烃源岩、储集岩、圈闭和盖层组成。在典型烃源岩中，一些烃类被驱出，并在圈闭下方迁移到储集岩中。在页岩油气储层中，生成的烃类不能迁移，烃源岩本身因其致密性而成为储集岩。页岩是可裂变的层状沉积岩，主要由黏土状矿物颗粒组成。一般来说，页岩储集岩广义上包含碎屑石（石英、长石、云母）、碳酸盐（方解石、白云石、菱铁矿）、黏土矿物（蒙脱石、伊利石、蒙皂石、高岭石）、黄铁矿、其他微量矿物（Passey 等，2010；Quirein 等，2010；Ramirez 等，2011；Sondergeld 等，2010）。特别是黑色页岩包含干酪根等有机质，是页岩油气的重要来源。

页岩储层中的有机物含量很高，而有机物含量表示生烃和储烃能力。常规烃源岩的总有机碳（TOC）最小值或阈值约为 0.5%。对于页岩油藏，总有机碳（TOC）至少为 2% 才可以进行商业开采。在某些油藏中，总有机碳可能超过 10%～12%。根据干酪根的特征、元素含量和沉积环境，干酪根主要分为四类（Tissot 等，1984）：Ⅰ型、Ⅱ型、Ⅲ型和Ⅳ型。研究干酪根类型对于理解储烃、留烃和排烃过程非常重要。通常，石油由含有Ⅰ型和Ⅱ型干酪根的页岩储层生成，天然气由含有Ⅲ型干酪根的页岩储层形成。热成熟度是页岩油藏的另一个关键参数，表示了岩石的最高暴露温度和温度时间驱动反应的程度。镜质组反射率（R_o）低于 0.65% 的有机物被认为是未熟有机质（Mani 等，2015）；镜质组反射率为 0.6%～1.35% 的热成熟有机质通常会生产石油；镜质组反射率高于 1.5% 的过熟有机物会生成湿气和干气（Mani 等，2015；Tissot 等，1984）。

由于岩性、矿物成分和有机质不同，非常规页岩储层也会表现出复杂的孔隙几何形状。页岩地层的孔隙网络由有机孔隙、无机孔隙和天然裂缝系统组成（图 1.2），有机孔隙可分为原生有机孔隙和次生有机孔隙，次生有机孔隙也可分为气泡状有机孔隙和海绵状有

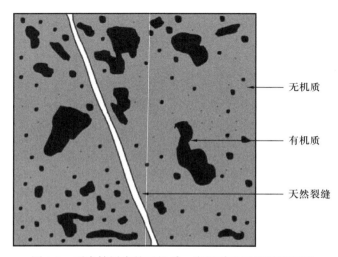

图 1.2 页岩储层中的无机质、有机质及天然裂缝视图

机孔隙，无机孔隙可分为粒间矿物孔隙和粒内矿物孔隙。页岩储层的孔隙尺寸从纳米级到微米级不等。孔隙几何形状和裂隙网络的复杂性对页岩储层中烃类的特性影响显著，了解页岩的地质特征是分析页岩储层中油气运移的重要前提。

第二节　页岩热潮

尽管页岩油气在21世纪初进行了商业化开采，但人们早在200多年前就发现了页岩油藏，并经过巨大努力才实现成功开发。1821年，在纽约州肖托夸县（Chautauqua）的泥盆系敦刻尔克页岩（Dunkirk Shale）中发现并钻遇浅层页岩气（Wang等，2014）。继这一发现后，沿着伊利湖（Lake Erie）海岸线钻探了许多口浅层页岩井（Hill等，2004）。1863年，在伊利诺伊盆地（Illinois Basin）的肯塔基州西部发现了页岩气储层。截至20世纪20年代，在西弗吉尼亚州、肯塔基州和印第安纳州进行了页岩气的钻探工作（Wang等，2014）。20世纪40年代，首次应用水力压裂对气井进行增产，这些气井位于堪萨斯州（Kansas）格兰特县（Grant），由泛美石油公司（Pan American Petroleum Corporation）运营。

20世纪70年代石油危机后，美国联邦政府开始投资页岩气的研究和开发，将页岩气作为石油的备选能源。1976年底，美国能源部实施了东部页岩气项目，该项目一直持续到1992年，其间针对美国东部巴拉契亚盆地、伊利诺伊盆地和密歇根盆地内大量泥盆系和密西西比系富有机黑色页岩开展了一系列地质、地球化学和石油工程研究，以评估天然气生产潜力并提高天然气产量（NETL，2011）。与此同时，由于油价高昂，私人石油公司也投身非常规天然气的投资热潮（Cleveland，2005；Henriques等，2008）。然而，当时深层页岩储层［如得克萨斯州的巴奈特（Barnett）页岩和宾夕法尼亚州的马塞勒斯（Marcellus）页岩］渗透率超低，因此不被视为经济可采的储层。

为了实现页岩气的经济开采，几家具有远见卓识的石油企业尝试实施水力压裂。从20世纪80—90年代，米切尔能源和开发公司（Mitchell Energy & Development Corporation）在巴奈特页岩中测试了各种水力压裂采气工艺，最终找到了经济可行的相关技术。由米切尔能源和开发公司研发的水力压裂技术已被石油公司广泛使用，改变了21世纪石油行业的面貌。换句话说，美国政府和各家公司几十年来的努力推动了目前的页岩油气狂潮。

2018年的《年度能源展望》预计：由于美国持续开发页岩气和致密油区带，该国的石油和天然气产量将会增加（EIA，2018）。EIA预测致密油和页岩气产量将分别占美国原油和天然气产量的65%和75%（图1.3、图1.4）。此外，全球页岩资源十分丰富。根据EIA（2015），页岩资源分布在46个国家。美国能源信息署报告还估算：全球未证实技术可采致密油储量为4190×10^8bbl，可开采页岩气储量为7577×10^{12}ft^3（EIA，2015）。由表1.1可知，由于储量丰富、地区分布广泛，页岩油气的开发潜力巨大。尽管目前仍然只有美国的页岩资源实现商业化开发，但其他大陆的估算储量更高。因此，很多国家都对页岩这种成本更低、更清洁的能源感兴趣。

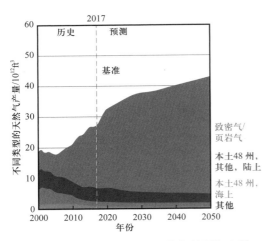

图 1.3　截至 2050 年美国天然气的预期产量
（据 EIA，2018）
其他包含美国阿拉斯加州和煤层气

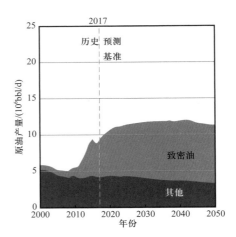

图 1.4　截至 2050 年美国原油的预期产量
（据 EIA，2018）

表 1.1　全球未证实技术可采页岩气和致密油估算储量（据 EIA，2015）

地区（国家）	天然气 $/10^{12}\text{ft}^3$	石油 $/10^9\text{bbl}$
北美洲	1741	100
南美洲	1433	60
欧洲	907	93
亚洲 / 澳大利亚	1802	72
非洲	1406	54
中东地区	288	40

第三节　页岩中的油气运移机制

非常规页岩储层的特征明显不同于常规储层，因此，页岩中的油气流动行为不能用常规工艺来解释。页岩储层最关键的特征是致密的储层条件。页岩储层具有低渗透率和低孔隙度基质条件，页岩储层的渗透率一般为纳达西级至微达西级，孔隙度小于 10%。为了从这些致密地层中开采油气，需要进行水力压裂作业。而为了压裂页岩地层，需要注入数百万加仑的含有支撑剂和药剂的水。注入的流体会诱发裂缝，并让井筒周围现有天然裂缝张开，就可以通过高渗透率裂缝网络开采油气（图 1.5）。此外，页岩储层的储层结构相对较薄且分布广泛，因此采用了水平井开采。水平井增加了井筒的接触面积，从而改善了从储层到井筒的流体流动，并降低了完井成本。

尽管大多数常规储层系统中的流体行为都可以用达西定律（1856）计算，但页岩储层系统却不可以。在流速非常高的水力裂缝中，与黏性力相比，惯性力不可忽视。在这种情况下，压力行为偏离了达西定律，因此使用具有非达西系数的福赫海默方程（1901）来计算压力响应。在页岩气储层中，烃气以游离和吸附状态储集。一些气体存在于基质和裂缝孔隙空间中，另一些气体吸附在有机质表面。由于页岩基质孔隙尺寸在纳米级到微米级，有学者提出了滑移效应和克努森扩散（Javadpour，2009；Javadpour 等，2007）。此外，孔隙尺寸小会引起高毛细管压力并改变流体特性，这种效应被称为毛细管凝聚效应或限域效应。鉴于储层的超致密条件，也应考虑分子扩散。此外，裂缝的导流能力容易受到压力变化所引起的应力和应变改变的影响。页岩储层中的储层变形对压裂井的产量有显著影响。

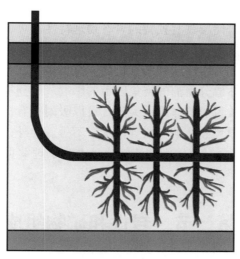

图 1.5　水力压裂水平井示意图

第四节　目　　标

在大多数页岩储层的现场情况下，运营商通常不能考虑地下系统中的特定流体行为，他们专注于水力压裂和水平钻井。然而，为了准确预测页岩储层的油气产量，应该全面了解页岩储层中与常规储层有显著不同的油气运移机制，包括非达西流、吸附/解吸、微尺度流、分子扩散、应力依赖变形和限域效应。为了帮助读者理解这些机制的原理，本书内容涵盖从页岩储层的基本地质学到各种运移机制的数学公式。因为对页岩储层的研究仍处于早期阶段，并且在一些问题上可能尚未达成共识，所以本书尽可能提供从现有的基本理论到各种最新的理论的所有信息。此外，基于多种运移机制，对页岩油气储层的多个现场实例进行了数值模拟。最后，针对更高深的主题，讨论了在页岩储层中注入二氧化碳和有机质的影响。

第二章 页岩储层的岩石物理特性

与常规储层相比，页岩储层具有独特的岩石物理特性。页岩是由粉砂和黏土矿物颗粒压实而成的细粒沉积岩。然而，页岩资源通常是指赋存于从泥岩到细粒砂岩和页岩中的各类岩石中的石油和天然气。页岩储层中的有机质、黏土矿物、石英、碳酸盐含量各异，而且含有众多微量矿物，具体成分受油气富集区带的影响。干酪根和沥青等有机质在生烃和天然气储集过程中起着至关重要的作用。天然气可以吸附在有机孔隙表面，也可以溶解于有机质中。页岩储层的孔隙尺寸从纳米级到微米级不等。此外，页岩储层的天然裂缝系统（尤其是水力裂缝）会影响页岩储层中的流体流动。为了理解页岩储层中的流体行为，应进行准确的岩石物理表征。

第一节 岩性和矿物组成

岩性是指岩石的成分或类型，如砂岩或石灰岩等（Hyne，1991）。岩石单元的岩性是对其颜色、结构、粒度、成分等物理特性的描述（Allaby 等，1999；Bates 等，1984）。岩性既可以是对岩石总体物理特性的概括，也可以是岩石物理特性的详细描述。油气储层表征的第一步是识别和量化岩性和矿物成分，岩性和矿物成分的差异会对储层产能和压裂增产效果产生影响。储集岩的物理和化学特性会影响测量工具对地层特性的测量。了解储层的岩性和矿物成分是计算其他所有岩石物理特性的基础。为了准确估算孔隙度、渗透率、含水饱和度等岩石物理特性，必须识别储层段的各种岩性和矿物成分并了解其影响。要想准确测定岩性和矿物成分，可采用常规电缆测井或随钻声反射测井技术，对岩心和岩屑进行各种岩石和地球化学分析，并结合电缆元素能谱测井技术（Ahmed 等，2016）。

一、页岩的基本岩性及矿物组成

页岩是由粉砂和黏土矿物颗粒压实而成的细粒沉积岩，通常称作泥岩。页岩与其他种类的泥岩不同，原因是页岩具有裂变和分层性质。因此，页岩由许多薄层组成，可沿着薄层理分裂成小块。

页岩是主要由黏土大小的颗粒组成，通常是黏土矿物，如蒙脱石、伊利石、蒙皂石和高岭石。页岩中还含有碎屑矿物颗粒（如石英、长石和燧石）、碳酸盐矿物、硫化物矿物、氧化铁矿物及有机颗粒。页岩的沉积环境往往决定了岩石中的其他成分，而这些成分往往决定了岩石的颜色。像大多数岩石一样，只有一小部分特殊物质（如铁和有机质）可以明显改变岩石颜色。富氧环境中沉积的页岩通常含有小颗粒氧化铁或氢氧化铁矿物颗粒，如赤铁矿、针铁矿或褐铁矿。在这些分布于岩石的矿物中，只有一小部分可以让页岩呈现红色、棕色、黄色和黑色。赤铁矿可以生成红色页岩，褐铁矿或针铁矿可生成黄色或棕色页岩，将这些页岩破碎可以产生黏土和水泥，用来制成各种有用的物品。

在沉积岩中，黑色基本上代表存在有机质。只需 1% 或 2% 的有机质就能使岩石变成黑色或深灰色。此外，黑色还表明页岩是在缺氧环境中沉积的沉积物形成的。进入缺氧环境的氧气会迅速与腐烂的有机碎片发生反应。如果存在大量的氧气，所有的有机碎片都会腐烂。缺氧环境也为硫化物矿物（如通常存在于黑色页岩中的黄铁矿）的形成提供了合适条件。由于黑色页岩中存在有机碎片，适合生成油气资源。如果埋藏的有机物得到保存并充分加热，就可能会生成石油和天然气。美国有很多页岩油气储层，如巴奈特页岩、马塞勒斯页岩、海恩斯维尔（Haynesville）页岩、费耶特维尔（Fayetteville）页岩、巴肯（Bakken）页岩和鹰滩（Eagle Ford）页岩都由深灰色或黑色页岩构成。

油页岩是富含有机物的岩石，这些有机物以干酪根形式存在。油页岩中多达三分之一的岩石可以是固态干酪根。虽然可以从油页岩中提取液态烃和气态烃，但需要将油页岩加热并用溶剂处理。与直接从岩石中开采石油或天然气的钻井工艺相比，油页岩的提取过程通常效率较低。从油页岩中提取烃类会产生排放物和废弃物，从而引起严重的环境问题。因此，世界上有大量油页岩矿床尚未得到充分利用。油页岩不在本书的研究范围内。

如前所述，关于页岩的定义，富含有机质的细粒岩石最能描述页岩储层的特征。但一般来说，页岩这个术语的使用非常不严格，不能代表储层的岩性（Rokosh 等，2008）。页岩油气储层的岩性变化表明：天然气和石油不仅赋存于页岩中，还赋存在泥岩到粉砂岩和细粒砂岩的各类岩石和岩石结构中，其中任何一种都可能含有硅质或碳酸盐成分。这些富有机页岩储层的基质矿物组成通常是非均质的，包含不同数量的干酪根、黏土（蒙脱石、伊利石、蒙皂石和高岭石）、碎屑石（石英、长石和云母）、碳酸盐（方解石、白云石和菱铁矿）、黄铁矿和少量其他矿物。一般来说，页岩储层的黏土含量低到中等，石英含量可变，而石英含量与方解石含量是此消彼长的关系。地层通常含有 12%～15%（体积百分比）的干酪根，它是孔隙空间中甲烷气体的来源。同时地层也存在与干酪根相关的吸附气体。由于页岩中含有少量的铀和其他放射性元素，常规伽马射线（GR）测井基本无法用于定量解释（Ramirez 等，2011）。

根据 Jiang 等（2016）的著作，不同组合和比例的分层结构可以生成不同岩相。基本分层结构有四种：富有机质分层结构、富碎屑分层结构、碳酸盐分层结构和黏土分层结构。不同矿物组成决定了页岩孔隙的类型和排列方式，石英的刚性有利于粒间孔隙的保持；长石的不稳定性导致沿裂缝生成溶蚀孔隙；碳酸盐矿物不仅容易发生溶蚀，从而形成粒间或粒内溶蚀孔隙，而且还容易发生重结晶，以形成粒间孔隙；黏土矿物通常是卷曲薄片状，含有相当多的粒间孔隙。不同矿物组成还控制着页岩的脆性，并进一步影响储层的后期改造，石英、方解石等脆性矿物的含量较高，会导致天然裂缝的形成。在压裂和增产过程中，也容易形成复合诱导裂缝，实现裂缝网络的延伸和连通。但黏土矿物在压裂过程中的弹性变形往往会堵塞通道，这不利于储层增产。根据对不同地区页岩储层矿物成分的调查（Jiang 等，2016），海相页岩硅质含量通常较高。湖相页岩中碳酸盐矿物含量通常较高，黏土矿质含量一般低于 50%。

富有机质页岩包含多种岩石类型，这表明存在多种储气机制。气体可能吸附在有机物上，也可能以自由气形式储集在微孔和大孔中。溶解气可能保存在沥青微孔和纳米孔中，因此可能是额外气体来源，但通常认为这部分所占比例很小。自由气可能是页岩气储层中最主要的产气源。确定自由气、溶解气和解吸气的比例对于资源和储量评价至关重要，也是天然气生产和储量计算的重要问题，这是因为与自由气相比，解吸气能在更低压力下扩散。页岩中的一些黏土矿物也能够吸收或吸附大量的水、天然气、离子等物质。这种特性可以使页岩有选择性地、牢牢地保留或自由地释放流体或离子。

由于页岩的粒径很小，间隙空间非常小，间隙空间太小了，石油、天然气和水就很难在岩石中移动。因此，页岩可以成为石油和天然气圈闭的盖岩，也可以成为阻挡或限制地下水流动的隔水层。虽然页岩中的间隙空间非常小，但在岩石中占很大体积，使页岩能够保留大量的水、天然气或石油。由于页岩的渗透率较低，不能有效地传输水、天然气或石油。油气行业通过水平钻井和水力压裂技术在页岩中形成人工孔隙，并改善渗透率，从而克服了页岩的这些限制条件。

二、岩性和矿物组成的测量

在页岩储层中，由于孔隙度和渗透率都很低、矿物成分变化复杂、存在有机成分以及获取原状岩心样品难等问题，难以准确地评价岩石物理特性。上述情况为页岩储层的表征造成了严重困难，因此许多学者提出了不同方法来评价页岩储层的岩性和矿物组成（Ahmed 等，2016；Ballard，2007；Passey 等，2010；Quirein 等，2010；Ramirez 等，2011；Sondergeld 等，2010；Sondergeld 等，1993）。页岩储层岩性和矿物组成的测定方法包括 X 射线衍射法（XRD）、傅里叶变换红外（FTIR）透射光谱法、X 射线荧光法（XRF）、常规测井法、元素能谱测井法和聚类分析法。

通常，通过井壁取心、常规取心或岩屑收集获得岩心样本，通过评价岩心样本来定量分析储层矿物成分。一般来说，X 射线衍射法（XRD）通常用于评价原生矿物组成，是基于矿物晶体平面的 X 射线衍射，用于测量物质的物理结构（Ruessink 等，1992），该方法效果非常好，但在未进行黏土分离时，通常会高估富黏土系统中的石英含量（Sondergeld 等，2010）。傅里叶变换红外（FTIR）透射光谱法依赖于对分子键振动的检测，用于测量物质的化学成分（Ruessink 等，1992），傅里叶变换红外该方法可以快速有效地消除 X 射线衍射法的上述缺点，且不需要黏土成分分离，但在分析前必须去除有机质。有些实验室用 X 射线荧光法（XRF）来确定富黏土储层的矿物组分（Ross 等，2006）。X 射线荧光法（XRF）量化了元素的丰度，用化学计量法分配到普通矿物；过量碳可以分配给干酪根。X 射线荧光法（XRF）不会高估石英含量（Sondergeld 等，2010）。

常规测井结合岩心分析（如 X 射线衍射法）还可以确定岩性和矿物成分。通过估算页岩体积和交叉绘制多孔隙度响应（与处理常规储层的流程相同）可以简单地测量岩性和矿物组成。然而，对于非常规页岩储层，应该先确定有机成分含量，再开始分析有机质对测井响应的影响（Ahmed 等，2016）。干酪根的重量和体积百分比可以通过密度法、伽马射线法（GR）和帕西（Passey）法（Passey 等，1990）等常规测井方法和测量岩心总有机碳（TOC）值来获得。有关干酪根测量的详细说明，请参阅"有机质"章节。常规的伽马射线、电阻率、密度、声波、中子和核磁共振（NMR）测井的测量值可以输入最小二乘误差最小化求解器中。岩心测量结果可为输入模型中的矿物种类提供依据。

伽马射线测井用于测量地层的自然伽马射线放射性，该方法测量的是所有放射性元素（如钾、铀和钍）的总伽马射线放射量。在各种沉积物中，页岩发射出的伽马射线辐射量最大，因此伽马射线测井主要用于量化页岩体积。在评价细粒岩石时，伽马射线通常是一种重要测井法，可以帮助区分页岩与普通岩层（如砂岩或碳酸盐岩）。对于页岩气区带，烃源岩、盖层和储层通常完全包含在细粒岩石岩相中，伽马射线曲线未必能像对常规储层一样有效。一般来说，黏土中含有大量的钾。虽然高岭石和蒙皂石的钾含量很低，但伊利石含有大量的钾（Dresser Atlas，1979）。与高岭石或蒙皂石含量较高的黏土混合物相比，主要由伊利石组成的黏土钾的放射性更低。由于大多数黏土都是几种黏土矿物的混合物，在一般页岩储层中可以观察到钾的放射性。页岩储层中钾的平均含量为2%～3.5%（Rider，2002）。如果是海洋环境中沉积的页岩，铀会形成不稳定的可溶性盐。在这种情况下，铀含量与有机质呈正相关关系，因此铀含量可作为判断有机质含量的一项指标（Fertl等，1980）。湖泊环境通常不含铀，而且铀和总有机质（TOC）之间通常不存在关联（Bohacs，1998；Bohacs等，1998）。在这些情况下，总伽马曲线仍然是判断岩石中总黏土含量的指标之一（Bhuyan等，1994）。此外，应注意的是，铀含量指标适用于不含磷灰石等富铀矿物的含气页岩储层（Kochenov等，2002）。

地层电阻率与导电成分直接相关。测量储层电阻率在测井中非常重要，这是因为测量电阻率是识别和量化油气和含水饱和度的方法之一。在常规储层中，如果地层水是含盐水或盐水，地层水就是主要导电体，允许离子导电。含有盐水的地层表现出低电阻率，盐水含量越高，含有盐水的岩石的电阻率就越低。相反，油气是不导电的，当油气赋存量足够多时，就能驱替出特定地层中的水。充分含油气的岩石电阻率值高于含有含盐地层水的岩石电阻率（Archie，1942）。其他很多因素也会影响电阻率的解释，如盖层压力和孔隙压力、温度、岩石岩性及导电矿物质的百分比。

有一点需要注意，由于页岩层的沉积环境或地层热历史不同，一些页岩储层具有较高导电率，而另一些储层则不然。虽然含有油气和有机质的地层电阻率通常会较高，但这一论断成立的前提是地层的热成熟度足以生成油气。Anderson等（2008）提出相反的结论：一些页岩层可能具有较高导电率，因此电阻率较低，导电率高的原因是存在导电矿物（如黄铁矿或石墨）。黄铁矿通常赋存于富有机质页岩气地层中，可能起到降低电阻率响应的作用。在一些页岩气储层中，当其成熟度非常高（$R_o \gg 3$）时，地层电阻率可能低于在较低热成熟度（R_o在1～3之间）时观察到的电阻率。有学者认为有机成分中的碳会重结晶成为石墨矿物（Passey等，2010）。在成熟度极高（$R_o > 3$）的富有机质页岩储层中，由于存在其他矿物相，岩石导电率可能要高得多。

黏土矿物的阳离子交换能力（CEC）是影响页岩层电阻率的另一个特性。阳离子交换能力值随黏土的表面积变化而改变。这意味着不同黏土种类的导电率差异应该与其表面积有关（Rider，2002）。蒙皂石比其他黏土具有更大的比表面积，因而导电性更强（Passey等，2010）。阳离子交换能力对页岩导电率的影响取决于地层水的盐度。如果地层水的盐度大于海水的盐度，则由于黏土矿物引起的导电率过高的影响很小（Passey等，2010）。

中子测井法测量的是地层的含氢量。与其他常规测井解释一样，页岩气层的中子测井是复杂的，这是因为要考虑有机质、黏土矿物、地层水和烃类中的大多数氢。中子测井法不仅受到有机质中氢的影响，还受到黏土矿物中羟基（OH）氢的影响，以及水和油气形成过程中的氢的影响（Passey等，2010）。天然气和有机质的氢含量低于水中的氢含量，因此页岩气层的中子测井响应将会降低。由于羟基离子的增加，中子测井技术在黏土含量低的地层中的应用有限。

页岩储层中，元素能谱测井法已广泛用于测定岩性和矿物组成（Ahmed 等，2016）。元素能谱测井工具会记录诱导伽马射线的能谱，计算地层中不同元素的质量分数。化学源或脉冲中子源释放的中子会发射出诱导伽马射线，与地层中的元素相互作用。俘获能谱和非弹性能谱都会发射出诱导伽马射线。化学源元素能谱测井法测量的是俘获能谱中的地层元素，脉冲中子源元素能谱测井法是同时测量俘获能谱和非弹性能谱中的地层元素。脉冲中子源元素能谱测井法的优点是能够测量非弹性光谱中的其他元素，主要是碳元素。虽然某些元素（如铝和镁）可以在俘获能谱中测量，但这些元素的定量也是存在问题的。如果非弹性能谱中额外存在这些元素，则可以更准确地描述岩性和矿物组成（Pemper 等，2006）。

光谱伽马射线工具结合仪器一起运行，以测量自然伽马射线光谱的响应。这些伽马射线通过闪烁探测器测量，经过处理得到元素产率，然后再转化为元素质量分数（Pemper 等，2006）。将所记录伽马射线光谱进行波谱去卷积或反演变换，以获得相对元素产率，通常包括铝、碳、钙、铁、钆、氢、钾、镁、锰、钠、氧、硫和硅元素。一些服务公司使用各自的光谱学仪器，如贝克休斯公司（Baker Hughes）的 FLeX 及斯伦贝谢公司（Schlumberger）的 ECS 和 LithoScanner 来测量地层元素（Ahmed 等，2016）。

化学源元素能谱测井仪测量的是俘获伽马射线光谱中的地层元素。硅、钙、镁、铝、铁和硫的元素质量分数可以与光谱伽马射线仪获得的铀、钍和钾以及常规测井测得的电阻率、密度、中子和声学测量值一起输入最小二乘误差最小化求解器中。同一页岩油气区带储层中的岩心 X 射线衍射分析可为选择输入模型的矿物提供依据。Quirein 等（2010）和 Ramirez 等（2011）提出了利用化学源元素能谱测井法确认和预测矿物组成、晶粒密度和孔隙度的详细工作流程。采用岩心 X 射线衍射总矿物组成数据来确定矿物模型，并用作测井解释的约束条件。利用化学源测井、表观体积、干酪根及孔隙度和电阻率等常规测井，同时计算了矿物总量。干酪根量的输入值从岩心总有机碳（TOC）质量分数的基本回归和常规测井测量值（如密度、铀、伽马射线或帕西法）获得（Passey 等，1990）。

利用脉冲中子源元素能谱测井法，对页岩储层岩性和矿物组成进行测量。利用从脉冲中子源测井工具获得的俘获伽马射线能谱和非弹性伽马射线能谱，以及从常规伽马射线光谱仪获得的天然伽马射线，提取地层研究对象的化学成分（Jacobi 等，2008；Pemper 等，2006，2009），这些方法可以测量铝、钙、铁、钆、镁、硫、硅、钾、钍、铀、钛和碳等元素的浓度。脉冲中子源元素能谱测井的强项是碳测量。由脉冲中子源产生的非弹性能谱可以测量碳。仪器发射的中子与地层元素相互作用，从而发出俘获和非弹性能谱。根据各个成分的独特伽马射线发射，分离每个能谱中的伽马射线，然后使用算法将这些产率转化为浓度。Pemper 等（2006）提出了诊断方法：首先对一般岩性进行初步评估，然后对特定岩性进行更详细的评价，最终确定地层的矿物组成。在确定了矿物组成之后，可根据碳含量确定有机碳含量。Wang 等（2013）为马塞勒斯页岩构建了三维（3D）岩相模型，工作流程如图 2.1 所示。将岩心数据、脉冲中子光谱测井数据、常规测井数据、地震数据及区域地质知识整合在一起。

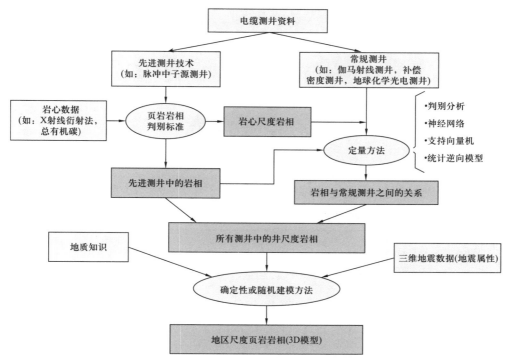

图 2.1　构建阿巴拉契亚盆地马塞勒斯页岩三维（3D）岩相模型的工作流程（据 Wang G. 等，2013）

三、几个页岩油气区带的岩性与矿物组成

尽管水平钻井和水力压裂完井技术已经在北美的巴奈特页岩成功应用，但同样的方法并没有在所有其他页岩地层中取得成功。之前的几项研究表明：并非所有的页岩油气区带都与巴奈特页岩类似，即使在同一个页岩区块中，也会表现出极其不同的岩性和矿物组成（He 等，2016；Rickman 等，2008；Rutter 等，2017；Sone 等，2013）。矿物组成特征对岩石物理特性和地质力学性质有显著影响，从而显著影响页岩储层的生产能力。页岩中的主要矿物成分是石英、长石、黄铁矿、各种黏土矿物，如蒙脱石、伊利石、蒙皂石和高岭石，以及不同比例的碳酸盐矿物。图 2.2 给出几个页岩储层中主要矿物含量的三元图（Morley 等，2018）。如图 2.2 所示，各个页岩区带的矿物组成类型多种多样。后文将简要介绍几种页岩区带的岩性和矿物组成。

巴奈特页岩分布在得克萨斯州中北部的福特沃斯盆地及毗邻的背斜弯曲，延伸总面积达 28000mile^2（NETL，2011）。页岩油气区带面积约 7000mile^2，占巴奈特地理面积的四分之一，目前已开发面积约 4000mile^2（Ahmed 等，2016）。深度为 6500~8500ft，总厚度由西到东从 100ft 增加到 600ft。NETL（2011）报道了巴奈特页岩的详细地质情况，包括岩性和矿物组成。根据地层岩性的一些研究成果，巴奈特页岩由黑色硅质页岩、石灰岩和少量白云岩组成（Loucks 等，2007；Montgomery 等，2005；NETL，2011；Papazis，2005）。Bowker（2003）报道：矿物成分包括 45% 石英、27% 伊利石和少量蒙皂石、8% 方解石和白云石、7% 长石、5% 黄铁矿、3% 菱铁矿及极少量的天然铜和磷酸盐物质。Givens 等（2004）给出类似的矿物组成，区别在于方解石和白云石含量相当高，为 15%~19%。

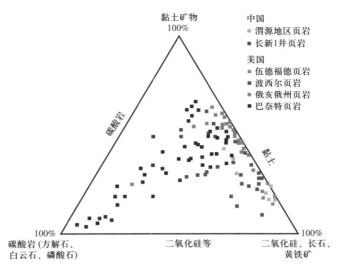

图 2.2　几个页岩气藏的三元图（据 Morley C. K. 等，2018）

Jarvie 等（2007）测量了一口巴奈特页岩井的矿物含量，其中包含 40%～60% 石英、40%～60% 黏土矿物和可变含量的方解石。Loucks 等（2007）报道了硅质泥岩矿物组成，包括 41% 石英、29% 的黏土、9% 黄铁矿、8% 长石、6% 方解石、4% 白云岩和 3% 磷酸盐。根据这些矿物组成研究结果，巴奈特页岩的平均矿物组成为 35%～50% 石英、10%～50% 黏土矿物（主要是伊利石）、0～30% 方解石、白云石和菱铁矿，7% 长石、5% 黄铁矿及微量的磷酸盐和石膏（NETL，2011）。Jarvie 等（2007）提出一种评估页岩相对脆度的方法，即通过石英在石英、方解石和黏土矿物总和的占比来评估。换句话说，以硅质页岩为主的巴奈特页岩地层的脆度高，具有适合实施水力压裂技术的条件。

中泥盆统马塞勒斯页岩位于阿巴拉契亚盆地中部，延伸约 600mile。马塞勒斯页岩分布在加拿大的安大略省、美国纽约州、宾夕法尼亚州、俄亥俄州、西弗吉尼亚州、马里兰州和弗吉尼亚州，总面积近 75000mile^2（NETL，2011）。关于马塞勒斯页岩的岩性和矿物组可参考多份报告（Harper，1999；Larese 等，1976；Milici 等，2006；Nuhfer 等，1979；Potter，1980；Roen，1993；Wrightstone，2009）。马塞勒斯页岩的地质条件与巴奈特页岩相似，二者的岩性和矿物组成也很类似。马塞勒斯页岩的典型矿物成分为 10%～60% 石英、10%～35% 黏土矿物（主要含有伊利石）、3%～50% 方解石、白云石和菱铁矿、0～4% 长石、5%～13% 黄铁矿、5%～30% 云母及微量的磷酸盐和石膏（NETL，2011）。马塞勒斯和巴奈特油气区带都取得了巨大成功，原因是其硅质页岩脆度很高，适合实施水力压裂。

美国有多个页岩油气区带目前正处于开采阶段或计划未来开采（EIA，2016），其中包括巴奈特和马塞勒斯、费耶特维尔、伍德福德、海恩斯维尔和鹰滩油气区带，它们统称为美国六大页岩油气区带（Ahmed 等，2016）。费耶特维尔页岩的地质特征与巴奈特页岩相同，费耶特维尔页岩的岩性为硅质页岩，含有 20%～60% 二氧化硅、非常少量的碳酸盐和黏土。伍德福德页岩是深灰色到黑色页岩，其 TOC 高，约为 9.8%。伍德福德页岩由 50%～65% 二氧化硅、5%～10% 碳酸盐岩和 30%～35% 黏土组成。海恩斯维尔页岩的岩性通常称为硅质泥灰岩，包括 25%～45% 二氧化硅、15%～40% 碳酸盐和 30%～45% 黏土，因此地层延性更高，难以进行水力压裂。鹰滩页岩由富有机钙质泥岩组成，矿物成分为 10%～25% 二氧化硅、60%～80% 碳酸盐和 10%～20% 黏土。

第二节 有 机 质

常规油气系统由烃源岩、储集岩、圈闭和盖层组成。在典型烃源岩中，一些烃排出并迁移到储集岩中，形成常规储层。在非常规页岩油气储层中，所产生的大量烃无法从烃源岩中排出，烃源岩本身变为储层。烃源岩最重要的特征是它含有大量的有机质。有机质具有生烃和储烃能力，在非常规页岩油气系统中起着重要的作用。TOC 由三种成分组成：如岩石中已经存在的天然气或石油、代表可生成的可用碳的干酪根及没有可能生烃的残留碳（Jarvie，1991）。烃是烃源岩内部的干酪根和沥青在高温高压条件下形成的。干酪根是一种有机化合物的固体混合物，由于其成分的分子量大，不溶于普通的有机溶剂。沥青是由干酪根生成的一种固体或接近固体的易燃有机质，如沥青质和矿物蜡。

有机碳数量以岩石内的 TOC 含量来衡量。TOC 一般用有机碳的质量分数表示，即岩石中有机质浓度。TOC 的体积分数大约是质量分数的 2 倍。对于常规有效烃源岩，TOC 最低值或阈值约为 0.5%（质量百分比）。对于页岩储层，总有机碳最小值约为 2%，可能超过 10%～12%。根据 Dayal 等（2017），生烃潜力评估标准如下：非常差（<0.5%）、差（0.5%～1%）、一般（1%～2%）、良好（2%～4%）、非常好（4%～12%）和优秀（>12%）。对于商业页岩气开采项目，一些研究成果表明，美国的 TOC 目标下限至少为 2%～3%（Lu 等，2012）。巴奈特页岩和马塞勒斯页岩的典型 TOC 值分别为 2%～6% 和 2%～10%。根据 Passey 等（2010）对全球页岩气地层的研究，岩石的总孔隙度和气体含量与 TOC 含量直接相关（图 2.3）。图 2.3 显示，局部 TOC 高是评价页岩气藏潜力的关键因素，原因是其与孔隙度和气体饱和度有关。

如前所述，富有机页岩的成分多变（Passey 等，2010；Plint 等，2012；Quirein 等，2010；Ramirez 等，2011；Sondergeld 等，2010；Trabucho-Alexandre 等，2012），这是由于页岩地层沉积过程和环境的多样性和动态性所引起的。页岩储层的组成、构造和有机质含量取决于物理、化学和生物沉积过程及沉积环境。沉积过程影响颗粒的组合、矿物组成和沉积的干酪根的类型。非常规页岩可以在各种环境中生成，包括湖泊底部和深海平原（Schieber，2011；Stow 等，2001；Trabucho-Alexandre 等；2012）。

一、干酪根类型

干酪根通常分为四大类（Tissot 等，1984），也可以分为七种具体类型（目前在油气工业中使用的分类方式）（Ahmed 等，2016）。Tissot 等（1984）提出了 Ⅰ 型、Ⅱ 型、Ⅲ 型和 Ⅳ 型干酪根类型，目前还额外考虑了 I_s 型、II_s 型、III_c 型和 III_v 型。这些干酪根类型是根据干酪根的特征、元素含量和沉积环境划分的，不同类型的干酪根有着不同的原始氢含量、氧含量和有机型成因，研究这些干酪根类型对于理解储烃、留烃和排烃过程至关重要。

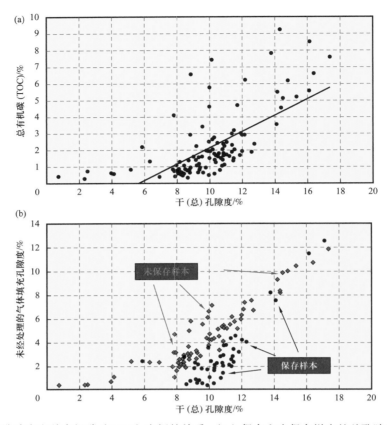

图 2.3 （a）总孔隙度和总有机碳（TOC）之间的关系；（b）保存和未保存样本的总孔隙度与未经处理的充气孔隙度之间的关系（据 Passey Q.R. 等，2010）

Ⅰ型干酪根主要来自湖泊沉积环境，原始氢含量最高和氧含量最低，微生物源包括藻类、浮游生物和被细菌改造的其他有机质。Ⅱ型干酪根通常形成于缺氧海洋环境或过渡性海洋沉积环境中，特征是富氢贫氧。Ⅱ型干酪根是由藻类、浮游生物和其他从细菌获得有机质及结构性干酪根植物材料的混合物衍生而成。$Ⅰ_S$型和$Ⅱ_S$型干酪根在沉积环境中形成，干酪根中硫化合物较多。由于涉及含硫化合物的动力学反应，$Ⅰ_S$型和$Ⅱ_S$型干酪根开始生油的时间要早得多。包含Ⅰ型、$Ⅰ_S$型、Ⅱ型和$Ⅱ_S$型干酪根的烃源岩主要易于生成液态烃。

$Ⅲ_C$型、$Ⅲ_V$型和Ⅳ型干酪根的定义是含有来自结构木本植物源的碎片物质，这些碎片物质最初沉积在陆地或过渡性海洋环境中，如沼泽、三角洲复合体或浅层潟湖。这些类型的干酪根的原始氢含量较低和氧含量较高。通常认为，$Ⅲ_C$型干酪根形成于过渡性海洋沉积系统，其中保存了富氢藻类微生物。$Ⅲ_V$型干酪根定义为主要由结构植物形成的煤岩显微组分，最容易生成天然气。Ⅳ型干酪根主要来源于残留有机质，因此不能生烃。这些干酪根或为通过风化、燃烧和生物氧化完全转化而来的干酪根，或为被归类为燃烧植物材料的木炭材料。这种类型的干酪根几乎没有生烃潜力（Hunt，1996；Tissot 等，1984）。

干酪根类型可以在范氏图（Van Krevelen diagram）中加以说明（图 2.4）。范氏图展示了氢指数（HI）（热解烃/TOC_o）与氧指数（OI）的关系。范氏图还有助于确定成熟度更高的特定干酪根类型的转化，以便解释当前 TOC_{pd} 与原始 TOC 的差异程度。利用 HI

和 OI 曲线图，可以快速评价四种主要的干酪根类型。相对于原子 H/C 与 O/C 分析法，Rock-Eval 热解分析法能以更低成本和更快速度使用 HI 值和 OI 值进行热解分析（Tene 等，2017；Peters 等，1994）。

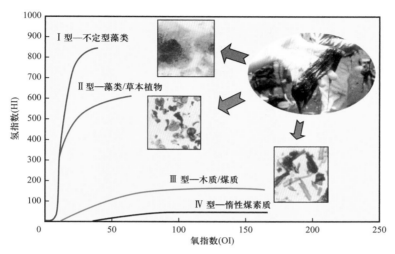

图 2.4　干酪根的主要类型和演化路径如该范氏图所示（据 Passey Q.R. 等，2010）

二、热成熟度

除确定 TOC 含量和干酪根类型之外，热成熟度是了解整体生油潜力的另一个重要特性。热成熟度是沉积物的最高暴露温度和温度时间驱动反应程度的指标（Ahmed 等，2016；Bust 等，2011；Dayal 等，2017；Rezaee，2015）。换句话说，热成熟度表示有机源的有效性。热成熟度用来描述热降解及沉积有机成分向油气转化，就像在生油窗一样。在以 I 型和 II 型干酪根为主的储层中，干酪根在所谓的"深成热解作用阶段"内转化为液态烃。这些干酪根类型达到所需活化能水平后，会演化为天然气和"沥青"的中间液态烃相。而后，沥青就会转化为液态石油烃。随着时间推移、压力增高和温度上升，就会进入"变质作用"阶段，期间所生成的液态烃和天然气会裂解为热稳定的烃类气体（如丙烷、乙烷和甲烷）。随着时间、温度和压力进一步增加，会发生二次裂解，在该阶段这些热稳定的气体类型会转化为甲烷气体。在以 III 型和 IV 型干酪根为主的储层中，初次生烃过程很简单，干酪根会转化为少量烃流体，最终转化为纯甲烷气体。

热成熟度通常可以用镜质组反射率（R_o）来量化，是反映最高古温度及其持续时间的指标。镜质体是由木本植物组织蚀变生成的有机碎片化石木材颗粒（Rezaee，2015）。在干酪根中发现此类颗粒后，将一束光照射到抛光表面上，用光电倍增管记录反射光量。未熟烃源岩的镜质组反射率低于 0.6%，未受温度显著影响（Mani 等，2015）。热成熟有机质的镜质组反射率为 0.6%~1.35%，可以生油。过熟有机质的镜质组反射率高于 1.5%，位于湿气区和干气区（Mani 等，2015；Tissot 等，1984）。此外，Rock-Eval 热解温度（T_{max}）也常用于评价干酪根的热成熟度。T_{max} 值是干酪根分解转化生烃量达到最大时的温度。T_{max} 低于 435℃ 代表干酪根生烃阶段的未熟阶段，T_{max} 在 435~465℃ 之间表示成熟阶段，T_{max} 超过 465℃ 表示过熟阶段，适合天然气生成（Hunt，1996；Mani 等，2015；Tissot 等，1984）。

第三节 孔隙几何形状

以往的研究结果表明，不同沉积过程和沉积物供应源会对颗粒积累、岩性、矿物组成和沉积的干酪根类型造成影响（Ko等，2017；Macquaker等，2010；Myrow等，1996；Schieber，2007；Young，1978），加之成熟度和成岩作用，这些因素共同造成了页岩岩石孔隙类型和形态的复杂性和非均质性，直接影响到生烃能力。在非常规页岩储层中，孔隙网络系统复杂是造成流动机制复杂的主要原因。页岩油气区带的孔隙网络由有机质、无机物及天然裂缝组成。一般来说，页岩储层中发育纳米级到微米级孔隙。孔隙几何形状的复杂性和微观非均质性会显著影响页岩储层的基质渗透率和流动行为（Ko等，2017），了解复杂的孔隙几何形状是构建页岩储集能力和流体流动模型的基础。

一、孔隙类型分类

页岩储层中的孔隙分为无机孔隙和有机孔隙（Ko等，2015，2017；Loucks等，2012；Pommer等，2015）。无机孔隙可细分为最初被地层水饱和的原生粒间或颗粒内矿物孔隙，以及含有沥青、剩余油等运移油气的改性矿物孔隙。有机孔隙根据其形态和起源解释分为三类。有机孔隙可分为原生有机孔隙和次生有机孔隙，次生有机孔隙也可细分为气泡状有机孔隙和海绵状有机孔隙，原生有机孔隙与干酪根的原始结构有关，气泡状有机孔隙和海绵状有机孔隙是干酪根熟化的结果（Ko等，2015）。通常在页岩储层中，气泡状有机孔隙尺寸较大，且其数量小于海绵状有机孔隙（Ko等，2017）。

原生矿物孔隙包括粒间孔隙和粒内孔隙，粒间孔隙定义为在颗粒和晶体之间出现的孔隙，粒间孔隙通常连通性良好，可形成有助于提高渗透率的有效孔隙网络。颗粒内孔隙在颗粒和晶体边界处产生。由于黏土矿物变形，黏土矿物晶片内可以生成一些孔隙。黏土矿物柔软而有延性，因此在压实过程中很容易形成围绕刚性颗粒而弯曲。黏土矿物的来源通常控制着颗粒内孔隙的形状和尺寸。颗粒内孔隙相对孤立，通常不能提高渗透率。图2.5（a）和（b）分别显示了胶结球石藻碎片之间的颗粒内孔隙及黏土片晶内的伸长颗粒内孔隙（Ko等，2017）。

为了避免错误地解释和识别有机孔隙，Ko等（2017）将改性原生矿物孔隙与粒间和粒内孔隙区分开来。改性原生矿物孔隙与有机质接触，因此在量化孔隙类型时，正确识别改性原生矿物孔隙至关重要。有2种过程可以生成改性原生矿物孔隙。首先，油气离开原始矿物孔隙，重烃成分吸附在矿物表面形成剩余油。改性原生矿物孔隙的形状和尺寸取决于原始矿物孔隙或周围颗粒形成的孔隙。其次，油气运移（包括矿物边缘的早期气体或原生水）和周围矿物孔隙填充也会生成改性原生矿物孔隙。在这种情况下，孔隙与矿物和有机质均有接触。改性的原生矿物孔隙的直径一般在几微米到几十微米之间，但有些孔隙的直径在纳米级别。虽然大多数孔隙的形状不规则，但也有一些孔隙的形状是圆形的。图2.5（c）显示的是鹰滩页岩中的改性原生矿物孔隙（Ko等，2017）。

原生有机孔隙包含原始干酪根，如木材和叶子碎片中的细胞或孢子。由于细胞结构坚硬，这些孔隙通常是颗粒状且不可压实。原生有机孔隙最初源自干酪根，与热成熟度

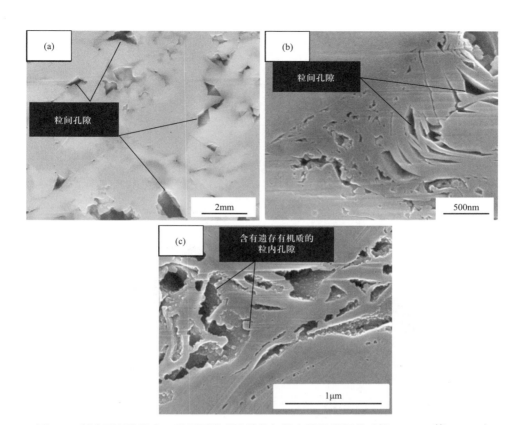

图 2.5　鹰滩页岩样品中 3 种不同类型孔隙的扫描电镜显微照片（据 Ko L.T. 等，2017）
（a）粒间孔隙；（b）粒内孔隙；（c）改性原生矿物孔隙

无关。次生气泡状有机孔隙和海绵状有机孔隙与热成熟度有关。气泡状有机孔隙由沥青裂变液烃生成（Loucks 等，2014）。气泡状孔隙通常是圆形的，直径从数百纳米到几微米不等。海绵状有机孔隙是在生成气体的高熟阶段产生的（Loucks 等，2012），因此，海绵状孔隙通常发现于迁移的固态沥青、焦沥青或炭中（Bernard 等，2012a，2012b；Loucks 等，2014）。海绵状有机孔隙具有不同的孔形，大小通常从 2.5～200nm 不等。一般来说，页岩储层中海绵状有机孔隙比气泡状有机孔隙的尺寸要小，但数量要丰富得多（Ko 等，2017）。此外，还有一种特殊情况，有机孔隙取决于孔隙位置而不是成因。干酪根和固态沥青复合体中的有机孔隙是一种特殊孔隙，但在页岩储层中很常见。海绵状有机孔隙可以在干酪根和沥青复合体（即一种固态沥青或焦沥青）中生成，沥青圈闭在干酪根内或吸附在干酪根表面。

图 2.6 给出了压实后干酪根中的原生有机孔隙、球形虫室内沥青中的气泡状有机孔隙、有孔虫室内沥青中的海绵状有机孔隙及干酪根和沥青复合体中的有机孔隙。

二、孔隙网络演变

富有机页岩储层中的孔隙已成为人们日益关注的话题，多个研究记录了页岩储层的孔隙性质和孔隙网络演化（Ambrose 等，2010；Bernard 等，2012a；Curtis 等，2010；Fishman 等，2012；Houben 等，2014；Kuila 等，2011，2013；Loucks 等，2009，2012；Pommer 等，

2015）。这些研究成果揭示了页岩储层中孔隙网络特征的非均质性，以及受颗粒聚集组分和埋藏条件控制的孔隙网络演化模式。

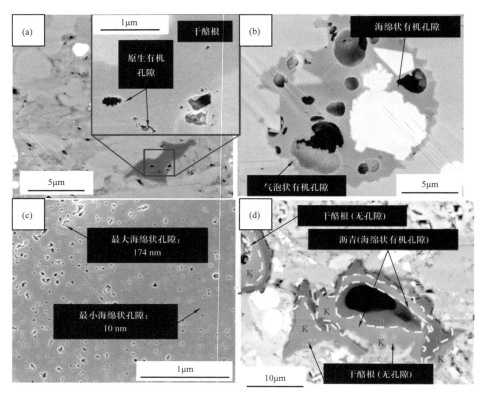

图 2.6　3 种有机质的扫描电镜显微照片（据 Ko L.T. 等，2017）
（a）原生有机孔隙；（b）气泡状有机孔隙；（c）有机质海绵状孔隙；（d）干酪根和固态沥青复合体中的有机孔隙；
B—沥青（深灰色），K—干酪根（黄色）

关于未压实沉积物的早期研究指出，细粒沉积物呈现出高达 80% 大孔隙容积（Velde，1996）。在这一阶段，可产生原生矿物粒间孔隙和颗粒内孔隙，并容易发生早期胶结压实（Desbois 等，2009；Loucks 等，2012；Milliken 等，2010，2014）。在早期压实阶段，很多原生孔隙空间受到破坏，尤其是大量韧性成分（如海洋干酪根）中的原生孔隙空间（Loucks 等，2012；Milliken 等，2014；Mondol 等，2007；Pommer，2014；Velde，1996）。在早期埋藏阶段，大粒径刚性颗粒保护大孔隙不被压实，从而保留原生孔隙空间（Desbois 等，2009；Milliken 等，2010，2014；Pommer，2014）。例如，鹰滩页岩中方解石丰度与孔隙体积呈正相关（Pommer 等，2015），这是因为有刚性骨架的方解石颗粒可以抗压实，起到保护粒间孔隙度的作用。不过，鹰滩页岩有机质丰度与孔隙体积呈负相关，这表明碎屑有机质行为表现出韧性。在成岩作用早期，有机质非常容易受到压实作用的影响。在早期沉积和埋藏阶段，干酪根中仅有少量有机孔隙（Fishman 等，2012；Milliken 等，2014）。成岩过程中从溶液中析出的矿物可能会堵塞孔隙空间，最常见的是生成方解石、石英、黄铁矿、高岭石和磷灰石作为孔隙填充胶结物及碎屑颗粒的替代物。

图 2.7 给出了鹰滩沉积物的常见成岩路径（Pommer 等，2015）。低熟情况下，孔隙网络主要是矿物质相关孔隙，包含少量原生有机孔隙。但由于孔隙空间压实和被沥青等有机

质填充,在高熟条件下不存在无机孔隙、原生有机孔隙。在代表天然气和凝析油窗口的高熟地层中,有机质中孔隙度发育良好,这是因为埋藏成岩在后期发生(Fishman 等,2013;Pommer 等,2015;Reed 等,2012)。随着挥发物的生成和排出,形成了大量次生有机孔隙。热成熟度对有机孔隙的发育影响最大,因此对页岩储层整体孔隙网络的影响也最大(Fishman 等,2013)。

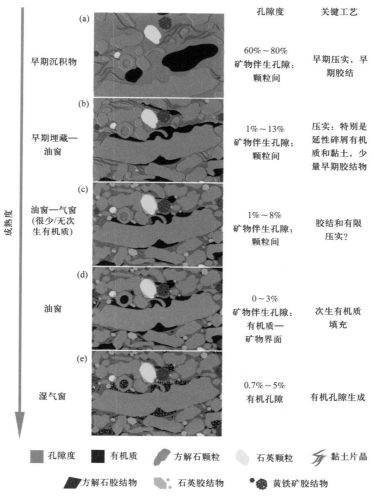

图 2.7　显示鹰滩沉积的常见成岩路径的简化图(据 Pommer M. 等,2015)

三、孔隙尺寸分类

非常规页岩储层中,纳米级到微米级孔隙在基质中形成了流道网络,对油气流动具有重要作用。页岩储层孔隙尺寸一般小于 1μm。详细了解孔隙尺寸分布有助于准确地刻画储层。国际纯粹与应用化学联合会(IUPAC)提出了孔隙尺寸术语和分类标准(Rouquerol 等,1994)。Rouquerol 等(1994)定义了三种不同孔隙尺寸分布:微孔隙,宽度小于 2nm;中孔隙,宽度在 2~50nm 之间;大孔隙,宽度大于 50nm(图 2.8)。然而,根据这种分类,几乎所有泥岩孔隙及碳酸盐岩和砂岩中的较大孔隙均可一起归类为

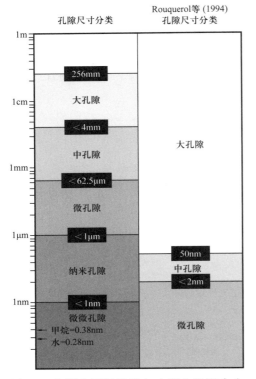

大孔隙。虽然 Rouquerol 等（1994）的孔隙尺寸分类适用于化学产品，但对于储层系统，特别是在页岩储层中，这个孔隙尺寸分类不是十分恰当。Loucks 等（2012）对 Choquette 等（1970）提出的孔隙尺寸分类进行了修改，从而提出了实用的储层孔隙分类。Loucks 等（2012）提出了五种不同孔隙尺寸分布：微微孔隙，宽度小于 1nm；纳米孔隙，宽度在 1nm～1μm 之间；微孔隙，宽度在 1～62.5μm 之间；中孔隙，宽度在 62.5μm～4mm 之间；大孔隙，宽度大于 4mm（图 2.8）。

非常规页岩储层中的纳米级孔隙在油气热力学相行为方面与常规孔隙系统略有不同。根据几项研究结果，由于孔隙接近效应，纳米孔隙中的空间受限，会改变相行为和流体性质（Alharthy 等，2016；Barsotti 等，2016；Chen 等，2013）。由于是纳米级孔隙尺寸，需要考虑常规系统中忽略的范德华分子间力。为了在限域孔隙系统中考虑这种影响，Alharthy 等（2016）提出了另一种孔隙尺寸分类，即三种孔隙尺寸：限域孔隙，宽度在 2～3nm 之间；中等限域孔隙，宽度在 3～25nm 之间；非限域孔隙，宽度大于 1000nm。

图 2.8　分别由国际纯粹与应用化学联合会（IUPAC）的 Loucks 等（2012）和 Rouqueraol 等（1994）定义的泥岩孔隙的孔隙尺寸分类（据 Loucks R. G. 等，2012）

为了准确考虑纳米级孔隙系统中的流体行为，应清楚地理解限域孔隙系统。纳米级孔隙中的相行为机制会在本书的第三章中详细说明。

第四节　裂缝系统

裂缝是指由储层中脆性破坏引起的不连续性或分离（Narr 等，2006）。在地壳中，存在数量众多的天然裂缝系统，它们是由地层中的构造力形成的。一般来说，天然裂缝主要有三种类型：节理裂缝、断层裂缝和收缩裂缝。这些天然裂缝表现出不同的特征，如成因、赋存和特征，因此其对储层中的流体流动的影响也有所不同。节理裂缝和断层裂缝之间最显著的区别是剪切位移的存在，节理裂缝或延伸裂缝只有在张力下形成，裂缝侧壁相互垂直拉离，在此过程中没有剪切位移。相反，断层裂缝是由平行于裂缝平面的剪切运动，以及与裂缝传播方向从平行到垂直等不同角度的剪切运动引起的（Rezaee，2015）。图 2.9 显示了一般裂缝类型，包括节理、正断层、逆断层或逆冲断层和走滑断层（Narr 等，2006）。收缩裂缝可以由平面上的体积损失引起的收缩位移产生，体积损失可由破碎（变形带）、颗粒重排（压实带）或化学溶蚀（花柱石）引起。天然裂缝的方向主要由地球应力场的方向决定，在大多数油气藏中，应力场的方向和大小随位置变化而不同。因此，了解复杂的天然裂缝系统对于有效烃类生产至关重要。

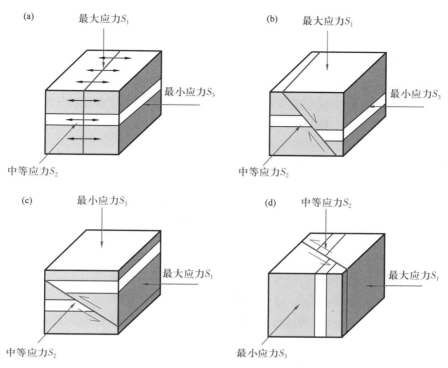

图 2.9　常见裂缝类型及其相对于主应力方向的位移和方向（据 Narr W. 等，2006）
（a）节理；（b）正断层；（c）逆断层或逆冲断层；（d）走滑断层

在大多数产油气的非常规页岩中，都存在着天然裂缝。天然裂缝被视为是低孔隙度和低渗透率页岩储层实现高产量的关键因素。根据地震响应，天然裂缝可分为三种类型：张开裂缝、部分张开裂缝和矿化裂缝，分别表示天然状态下的导流裂缝、混合裂缝和阻力裂缝（Ahmed 等，2016）。在页岩储层开采过程中，即使是部分张开裂缝和矿化裂缝也能通过水力压裂的刺激重新激活，对油气增产产生积极影响。天然裂缝结合水力压裂可形成复杂的裂缝网络（Gale 等，2014）。因此，了解天然裂缝系统对于页岩储层的成功完井至关重要。此外，在储层过渡到注入二氧化碳等增产工艺过程中，天然裂缝系统可能至关重要。增产过程中，在一次开采过程中无效的天然裂缝具有较强的重新激活作用，因此非常重要。如第五章第一节所示，天然裂缝系统可能是二氧化碳注入的一个主要因素，原因是水平井的连通性取决于天然裂缝。在页岩储层中，天然裂缝改善了流体流动，提高了导流能力，并影响了流体的采收效率。

在油气行业中，有几种方法来模拟天然裂缝系统：单一有效介质模型、双孔隙度和双渗透率模型及离散裂缝模型。单一有效介质模型利用基质和裂缝结合的属性来生成单一有效储层连续体（Narr 等，2006），在该模型中，利用拟相对渗透率函数考虑基质与裂缝之间的流体相互作用。虽然单一有效介质模型很简单，但它不能模拟复杂基质裂缝网络，仅适用于储层性能主要受流体行为而不是基质—裂缝相互作用控制及储层中的流体流动是单相的情况。双孔隙度模型最初由 Warren 等（1963）提出，是石油工业中常用的天然裂缝系统。在双孔隙度模型中，裂缝被视为烃的主要流道，而基质则被视为烃的储集空间，基质和裂缝被分离成具有各自水力特性的离散连续体。尽管双孔隙度模型比单一有效介质模型需要更翔实的数据和计算成本,但目前这并不是一个严重问题,双孔隙度模型更严重的问题是裂缝系统构型的极大不同。页岩储层呈现出明显、独特的裂缝特征,双孔隙度模型过于简化了复杂裂缝系统,可能会导致对整个储集过程造成错误理解。为了考虑裂缝系统的具体特点,可以采用离散裂缝模型,该模型考虑了完全定义的单个裂缝的几何形状,同时模拟了生成的复杂裂缝系统中的流体流动,是模拟裂缝系统中流体流动最真实的地质方法。然而,与双孔隙度模型相比,离散裂缝模型需要更长的计算时间和更翔实的数据,因此目前还不能应用于全部非常规页岩储层模拟。

一、双孔隙度模型

石油行业中,天然裂缝储层通常用双孔隙度系统表征。Barenblatt 等(1960)首次引入了双孔隙度模型的概念,双孔隙度模型提出了具有不同特征的两个不同多孔区域:第一个区域是与井相连的连续系统;第二个区域只利用局部供给流体支持第一个区域。这些区域标出具有不同流体储集和导流特性的裂缝和基质。Barrenblatt 等(1960)提出的这个概念是基于复合介质中的导热问题,复合介质由连续的、高导热材料和以离散粒子形式分散的低导电物质组成(Stewart,2011),这种复合介质中瞬态导热机制问题在数学方面与双孔隙度模型中的压力行为类似。

天然裂缝储层由复杂岩石结构组成,周围围绕不规则晶洞和天然裂缝系统。为了简化实际储层系统,Warren 等(1963)首先用一个正交系立方体基质块表示理想系统,如图 2.10 所示。在一些研究中,已经证明可以构建一个简化的均质双孔隙度模型,用于分析实际异质天然裂缝储层(Kazemi 等,1976;Lim 等,1995;Warren 等,1963)。此外,为了使双孔隙度模型更加实用,提出了几种改进的双孔隙度系统模型:子域法(Gilman,1986;Saidi,1983)、多重交互连续介质(MINC)法(Pruess 等,1982)、假毛细管压力和相对渗透率技术(Dean 等,1988;Thomas 等,1983)、双渗透率模型(Blaskovich 等,1983;Hill 等,1985;Dean 等,1988)。在经典的双孔隙度系统中,储层流体通过相互连通的裂缝网络流动,而基质只起储集作用并将流体供应给裂缝。然而,在实际的页岩储层系

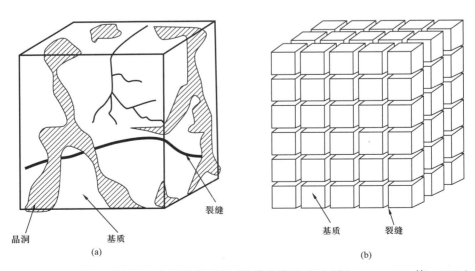

图 2.10 实际储层系统(a)和理想化正交双孔隙度模型(b)(据 Warren J. E. 等,1963)

统中,流体流动可以在基质中实现。双渗透率模型考虑了从基质到基质块的流体流动、从基质到裂缝和从裂缝到裂缝块的流动。关于双孔隙度和双渗透率系统的详细数值模型,见第四章第一节。

双孔隙度模型假设与天然裂缝系统相比,基质具有足够的储集能力,但渗透率较低。相对于基质系统,假设裂缝储集能力很小,但渗透率较高。Warren 等(1963)引入了2个双孔隙度变量,如储容比 ω 和窜流系数 λ,用于描述天然裂缝系统。储容比 ω 的定义为

$$\omega = \frac{\phi_{fb} c_f}{\phi_{fb} c_f + \phi_{mb} c_m} \tag{2.1}$$

式中 ϕ——孔隙度;
　　c——可压缩性;
　　f 和 m——裂缝和基质;
　　b——总体特性。

在双孔隙度系统中,基于总容积的特性给出的是具有代表性的值,而不是内在特性,内在特性可以通过直接测量法(如岩心实验)来测量。裂缝总体孔隙率和渗透率可用下面给出的内在特性计算:

$$\phi_{fb} = \frac{V_f}{V_{f+m}} \phi_{fi} \tag{2.2}$$

$$k_{fb} = \frac{V_f}{V_{f+m}} k_{fi} \tag{2.3}$$

式中 i——内在特性。

因此,储容比意味着双孔隙度储层中的相对裂缝储集能力。窜流系数 λ 表示基质与裂缝之间流体交换动力学,定义如下:

$$\lambda = \alpha r_w^2 \frac{k_{mb}}{k_{fb}} \tag{2.4}$$

其中:

$$\alpha = \frac{4n(n+2)}{h_m^2} \tag{2.5}$$

式中 α——系统几何形状或形状因子的参数特征;
　　n——正向裂缝平面的数量,n=1、2、3 分别表示理想的板、柱和立方体模型;
　　h_m——基质块的厚度。

窜流系数是描述流体在基质和裂缝之间平滑流动程度的参数,这个重要无量纲数组(即窜流系数)在流体从基质开始流动时起到主导作用。这个参数同时考虑了基质的几何形状和基质到裂缝系统的渗透率比。随着窜流系数的减小,从基质到裂缝的流体流动将更加延迟。利用储容比和孔隙率间流量系数的特性,计算了拟稳态流模型和瞬态流模型中的双孔隙度响应。

有两种常见的双孔隙度模型来描述天然裂缝储层中的压力响应：拟稳态流模型和瞬态流模型。拟稳态流模型由 Warren 等（1963）提出，瞬态流模型由 de Swaan（1976）和 Serra 等（1983）提出。虽然基质流动几乎是瞬态的，但当流体从低渗透率基质流向高渗透率裂缝存在障碍时，可能表现出类似拟稳态的行为。因此，有效计算成本问题，拟稳态流模型比瞬态模型更常见。

拟稳态流模型的主要假设条件是：基质压力在所有点以相同的速率下降，因此从基质到裂缝的流体流动与基质和相邻裂缝之间的压力差呈正比。在这个模型中，不存在非稳态流动，拟稳态流从流体开始流动的一刻就开始存在。图 2.11 显示了半对数图中拟稳态流模型的特征压力响应。在这个半对数图中，以第一条直线表征压力行为，过渡是看起来像一条斜率几乎为零的直线，最后一条直线呈现出与第一条直线相同的斜率。第一条直线通常持续时间很短，仅代表裂缝系统。这条直线的公式如下：

$$p_{wD} = \frac{1}{2}(\ln t_D) - \ln \omega + \ln \frac{4}{\gamma} \tag{2.6}$$

或

$$p_{wf} = p_i - \frac{q_{sc}B\mu}{4\pi k_{fb}h}\left(\ln t + \ln \frac{4k_{fb}}{\phi_{fb}c_f \mu r_w^2 \gamma}\right) \tag{2.7}$$

式中　p_{wD}——无量纲井流压力；

　　　t_D——无量纲时间；

　　　γ——欧拉常数指数，1.781 或 $e^{0.5772}$；

　　　p_{wf}——井流压力；

　　　p_i——储层初始压力；

　　　q_{sc}——在标准条件下的速率；

　　　B——地层体积因子；

　　　μ——黏度；

　　　r_w——井半径。

在初始直线阶段，储层表现为均质地层，原因是流体只在裂缝系统中流动，没有从基质系统中流动。经过呈现离散压降的过渡阶段后，流体开始从基质流入裂缝，并在半对数图中呈现出一条几乎平坦的线。最后一条直线表示整体系统行为，这个时期的公式如下：

$$p_{wD} = \frac{1}{2}\left(\ln t_D + \ln \frac{4}{\gamma}\right) \tag{2.8}$$

或

$$p_{wf} = p_i - \frac{q_{sc}B\mu}{4\pi k_{fb}h}\left[\ln t + \ln \frac{4k_{fb}}{(\phi c_t)_{m+f} \mu r_w^2 \gamma}\right] \tag{2.9}$$

式中　c_t——总可压缩性。

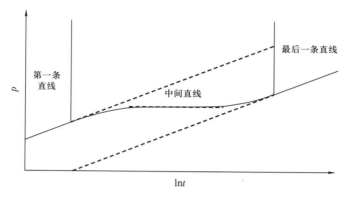

图 2.11 半对数图中拟稳态双孔隙度流动模型的压力响应

直线之间的间距为 $\ln\omega$，随着 ω 越小，绝对值越大。在最后阶段，基质和裂缝达到了平衡条件。此时，储层表现为一个均质系统，尽管这个系统由基质和裂缝组成。由于裂缝的渗透率明显大于基质的渗透率，第二条直线斜率与第一条直线的斜率基本相同。

在基质系统中，瞬态流或非稳态流比拟稳态流更为常见。在瞬态双孔隙度系统中，压力下降开始于基质和裂缝界面，然后随着时间推移进一步进入基质中心。在这种情况下，拟稳态流动只能在较晚的时间内实现。图 2.12 显示了半对数图中的瞬态流模型的特征压力响应，其形状不同于拟稳态流模型。在这张图中，确定了三种不同流态；第一种流态表现为第一条直线，发生在当流体仅在裂缝中流动时；在第二种流态中，从基质到裂缝的流体流动开始，并一直持续到从基质向裂缝的流体流动达到平衡为止，在半对数图中，第二个流态的直线斜率是第一个和最后一个流态斜率的一半左右（Serra 等，1983）；在从基质向裂缝的流体流动达到平衡后，给出了主要是从基质通过井筒的最后一种流态。

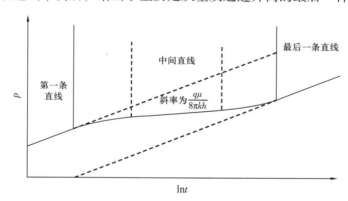

图 2.12 半对数图中瞬态双孔隙度流模型的压力响应

二、离散裂缝模型

虽然双孔隙度模型常用于模拟天然裂隙的页岩储层，但在一些复杂的裂缝网络中，双孔隙度模型可能还不够用。由于双孔隙度系统简化了复杂连通性和依赖尺度非均质性，提出了现实和模型之间的巨大差异。离散裂缝模型是为了克服双孔隙模型的固有问题（Hui 等，2018；Karimi-Fard 等，2004；Moinfar 等，2011）。离散裂缝模型完全定义了单个裂缝几何形状，并模拟了通过裂缝几何形状的流体流动。大多数离散裂缝模型使用非结构化网格系统来呈现真实的裂缝系统的几何形状。离散裂缝模型易于适配和更新，这是因为该模型不受网格定义的裂缝几何形状的约束（Moinfar 等，2011）。此外，由于直接可见的裂缝几何形状，对基质和裂缝系统之间的流体交换的解释更加直接。虽然离散裂缝模型在全油田储层模型中、数据采集和数值计算方面存在难度大和成本高等致命缺点，但对于更复杂裂缝系统的精确建模，应考虑使用离散裂缝模型。

为了模拟天然裂缝储层的流动行为，人们对离散裂缝模型进行了大量研究工作。Noorishad 等（1982）及 Baca 等（1984）采用有限元法模拟了裂缝储层中的单相流动，Kim 等（2000）及 Karimi-Fard 等（2003）将有限元法扩展到裂缝储层中的两相流动。近年来，人们对离散裂缝模型的兴趣尤其浓厚。基于裂缝生成方法，离散裂缝模型可分为两种类型：非结构化离散裂缝模型和嵌入式离散裂缝模型（Hui 等，2018；Moinfar 等，2011）。在非结构化离散裂缝模型中，考虑了显式特征，并对周围基质进行网格化以符合裂缝（Fu 等，2005；Geiger-Boschung 等，2009；Hoteit 等，2005；Karimi-Fard 等，2004；Matthai 等，2005；Mallison 等，2010）。在嵌入式离散裂缝模型中，裂缝嵌入在基质块中，基质—裂缝的相互作用由与合适的局部流动假设、相关的单一连接传导能力主导（Fumagalli 等，2016；Li 等，2008；Moinfar 等，2014；Vitel 等，2007）。

非结构化离散裂缝模型是基于裂缝附近局部细化的非结构化网格。在这个模型中，裂缝几何形状、连通性和裂缝基质网络是明确生成的，而无简化假设条件。有必要采用非结构化离散化方案对复杂裂缝多孔介质进行精确建模。然而，由于裂缝和基质系统的高分辨率，采用非结构化离散裂缝模型进行储层模拟的计算成本相当高。即使有几篇论文证明，可能使用最先进的线性求解器和并行化技术将非结构化离散裂缝模型应用到实际全油田规模（Hui 等，2013；Lim 等，2009），由于不确定度的量化，如各种裂缝生成、储层参数和生产情形，非结构化离散裂缝模型的成本仍然很高。

Hui 等（2018）提出了一个全面的非结构化离散裂缝方法，并通过全油田模拟结果有效地模拟了天然裂缝储层的开采过程。该方法包括离散裂缝模型的网格生成、离散化和基于聚合的升级扩展。采用 Mallison 等（2010）的方法进行网格生成，这种专用的网格生成技术生成了高质量的多面体和多边形单元，同时允许精确控制网格中的最小单元尺寸。通过允许对裂缝交叉点的几何形状进行微小改动来实现，以确保高网格质量，而不需引入任意小的单元。对于离散化，使用了 Karimi-Fard 等（2004）和 Karimi-Fard 等（2016）提出的处理方案。离散裂缝模型采用应用优化两点通量近似的有限体积方法进行离散，粗网格控制模型是通过聚合细网格单元来生成的，基于流量的一般升级程序计算粗尺度传输率。Fumagalli 等（2017）和 Lie 等（2017）已经采用这种基于聚合的升级思路。Hui 等（2018）给出了具有基质和裂缝非均质性的裂缝模型的水驱、酸气注入和一次凝析油生产的数值结果（图 2.13）。可以预料的是，对粗尺度模型而言，模型精度会随着粗化程度增加而降低，但结果显示，使用该方法可以实现高达 2 个数量级的加速，并且误差范围大约不到 10%。

为了降低生成非结构离散裂缝模型网格的难度，提出了嵌入式离散裂缝模型，这种模型在传统网格中包含更简单的结构化裂缝。嵌入式离散裂缝模型能够准确表示裂缝，并保持基质网格均匀细化和相对粗粒度的形式。然而，在这个模型中，基质中的强压力和饱和梯度等问题会严重影响数值计算的准确性和有效性，因此可能需要调整基质网格细化来描述储层的详细物理特征。最近，Tene 等（2017）拓展了嵌入式离散裂缝模型，由于能更通用地表示基质—裂缝的相互作用，与非结构化离散裂缝模型类似。

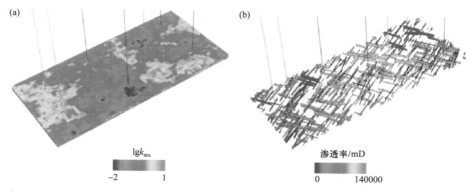

图 2.13　离散裂缝模型的示意图（据 Hui M.-H. 等，2018）
（a）基质渗透率；（b）裂缝渗透率

第三章　页岩储层中特有的油气运移机制

页岩储层中的流体流动与常规储层存在显著差异,这是因为页岩具有超低渗透率基质、纳米级孔隙、天然和诱导裂缝系统、气体吸附/解吸能力及对地质力学变形的高敏感性等特点。尽管已有几类文献对页岩储层中的运移机制做了不同阐述,但对其认知仍不充分,也没有形成统一的认识,尤其近期,液压压裂中的非达西流动、气体吸附/解吸、纳米级孔隙中的微观流动、分子扩散、地质力学及约束效应等方面引起了人们的广泛关注。因此,本章将介绍多种页岩储层中的特定运移机制,并从基础理论、各种实验和关联式角度,详细阐述页岩储层中的流体运移机制。理解页岩中运移的最优途径对提高页岩储层的油气产量具有重要意义。

第一节　非 达 西 流

1856 年,法国工程师亨利·达西(Henry Darcy)发布了一份详细的报告,介绍了改进第戎水务系统的工作。其中,与当前感兴趣的内容相关的是设计一个适合的过滤器(Hubbert,1956)。达西需要知道为了满足每天一定数量的水需求,需要设置一个多大规格的过滤器,因此进行了一系列关于过滤器设计的实验。实验装置如图 3.1 所示,将一个横截面积为 A 的圆柱体装满沙子,并配备一对压力计。在稳态下,进流量 Q 等于出流量。实验表明:比流量 $v=\dfrac{Q}{A}$ 与 $\Delta h=h_1-h_2$ 呈正比,与 l 呈反比。

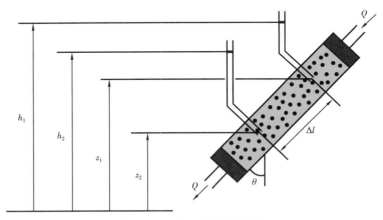

图 3.1　达西实验装置示意图

达西为流量建立了以下公式:

$$v = -K\frac{(h_2 - h_1)}{l} \quad (3.1)$$

式中　v——表面速度；

　　　K——导流能力；

　　　h_1、h_2——水头，定义为超出压力计或其他基准水位的高度；

　　　l——砂层厚度。

对于由粒径 d 均质颗粒组成的理想多孔介质，在恒定的水力梯度 $\dfrac{\mathrm{d}h}{\mathrm{d}l}$ 下，采用不同密度 ρ、不同黏度 μ 的流体进行相同实验，得到以下关联式：

$$v \propto d^2 \tag{3.2}$$

$$v \propto \rho g \tag{3.3}$$

$$v \propto \frac{1}{\mu} \tag{3.4}$$

结合原始达西定律，这些比值得出了达西定律的一种新的形式：

$$v = -\frac{Cd^2 \rho g}{\mu} \frac{\mathrm{d}h}{\mathrm{d}l} \tag{3.5}$$

石油工程中使用的达西定律一般形式如下所示：

$$-\frac{\mathrm{d}p}{\mathrm{d}x} = \frac{\mu v}{k} \tag{3.6}$$

式中　k——由 $k=Cd^2$ 确定的渗透率，与由 $K=\dfrac{k\rho g}{\mu}$ 确定的水力导率有关。

一个达西的渗透率允许在单位梯度下，黏度为 1mPa·s 的流体在单位时间内以 1cm/s 的速度流动。在大多数储层生产的情况下，流体流动可以用达西定律描述。

当流量较高时，达西定律无法使用。达西定律的上限通常用雷诺数表示，雷诺数是表示惯性力与黏性力之比的一个无量纲数。通过多孔介质流动的雷诺数定义为

$$N_{\mathrm{Re}} = \frac{\rho v d}{\mu} \tag{3.7}$$

当雷诺数不超过 1~10 的范围时，恒定达西渗透率概念有效，表明流量和势梯度之间呈线性关系（图 3.2）。

通过对较高压力差下的流量进行经验观察，发现当液体流速很高时，流量与施加的压力差之间并不呈线性关系。这个现象在水力裂缝和井筒附近尤其明显。

1901 年，菲利普·福希海默（Philippe Forchheimer）提出了一个经验方程，描述他观察到的非线性流动行为，即达西定律的线性偏差随流量的增加而增加。当流体速度增加时，例如靠近水力裂缝内部附近，会发生显著的惯性（非达西）效应。这导致水力裂缝内部出现额外压降，以维持产量。他将压力梯度的非线性增加归因于多孔介质中的惯性损失，这种惯性损失与 ρv^2 呈正比。他提出了一个额外的比例常数 β，用于描述惯性损失所引起的额外压降。Forchheimer 方程假设达西定律仍然有效，但必须考虑额外压降：

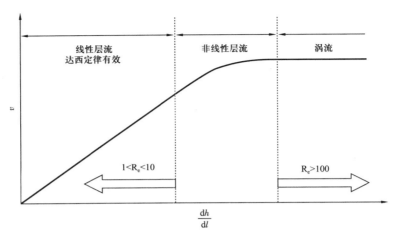

图 3.2　达西定律的适用范围

$$-\frac{\mathrm{d}p}{\mathrm{d}x} = \frac{\mu v}{k} + \beta \rho v^2 \tag{3.8}$$

式中　β——非达西系数；

　　　ρ——流体密度。

非达西系数通常通过分析多流速压力试验结果确定。然而，这些数据并不总是可获取的，因此人们不得不使用从文献中获得的关联式。

根据岩性和参数的不同，提出非达西流的不同理论关联式和经验关联式（Evans 等，1994；Li 等，2001）。理论上，非达西模型可分为 2 类：并行模型和串联模型。研究人员使用毛细管模型来描述多孔介质中的流体流动。Scheidegger（1958）和 Bear（1988）总结了许多研究人员在毛细管模型方面的研究成果。并行模型假设多孔介质由一束直径均匀、直通并排的毛细管组成。

Ergun 等（1949）认为，流体在多孔介质中流动的总能量损失包括 2 部分：黏性能量和动能。在并行模型的基础上，将泊肃叶方程与 Brillouin（1907）提出的毛细管流动方程组合在一起，Ergun 等建立了描述非线性层流的理论公式：

$$-\frac{\mathrm{d}p}{\mathrm{d}x} = 2\alpha' \frac{(1-\phi)^2}{\phi^3} S_{\mathrm{gv}}^2 \mu v + \frac{\beta'}{8} \frac{1-\phi}{\phi^3} S_{\mathrm{gv}} \rho v^2 \tag{3.9}$$

式中　α' 和 β'——校正因子；

　　　ϕ——孔隙度；

　　　S_{gv}——比表面积，定义为固体表面积除以固体体积。

基于相同的模型，Irmay（1958）从动态 Navier-Stokes 方程中理论推导出了达西方程和 Forchheimer 方程。当惯性项不为零时，Irmay 推导出以下公式：

$$-\frac{\mathrm{d}p}{\mathrm{d}x} = \frac{\beta''(1-\phi)^2 \mu}{\phi^3 D_{\mathrm{c}}^2} v + \frac{\alpha''(1-\phi)\rho}{\phi^3 D_{\mathrm{c}}} v^2 \tag{3.10}$$

式中　α'' 和 β''——校正因子。

将式（3.9）和式（3.10）与 Forchheimer 方程进行对比，可以得出非达西系数 β 的方程：

$$\beta = \frac{c}{k^{0.5}\phi^{1.5}} \tag{3.11}$$

式中　c——常数。

并行模型的一个缺点是假设所有孔隙都从多孔介质的一侧穿到另一侧。Scheidegger（1958）提出了一个串联模型，在串联模型中，所有孔隙空间都串行排列，即每个流体粒子必须从多孔介质一侧的一个孔隙进入，经过曲折的通道穿过所有的孔隙，然后从另一侧的一个孔隙出现，这种模型被称为串联模型，因为不同孔径的毛细管串行排列。假设有一个长度为 x 的模型，在其孔径 δ 和长度 s 的各个维度方向上，每单位面积中有 n 条毛细管，Scheidegger（1958）推导出了描述非达西流的公式：

$$\frac{\mathrm{d}p}{\mathrm{d}x} = u\frac{3c\tau^2}{\phi}\mu\left[\int_{\delta_R}^{\infty}\frac{\alpha(\delta)\mathrm{d}\delta}{\delta^6}\right]\left[\int\delta^2\alpha(\delta)\mathrm{d}\delta\right]^2 \\ + u^2\frac{9c'\tau^3}{\phi^2}\rho\left[\int_0^{\delta_R}\frac{\alpha(\delta)\mathrm{d}\delta}{\delta^7}\right]\left[\int\delta^2\alpha(\delta)\mathrm{d}\delta\right]^3 \tag{3.12}$$

式中　τ——迂曲度；
　　　δ_R——将非达西区域与达西区域分隔开的临界孔径；
　　　c——数值，$c=32$；
　　　c'——数值，$c'=1/2$；
　　　$\alpha(\delta)$——微分孔径分布函数。

将式（3.12）与 Forchheimer 方程进行比较，可以得出非达西系数 β 的计算公式：

$$\beta = \frac{c''\tau}{k\phi} \tag{3.13}$$

式中　c''——与孔隙尺寸分布有关的常数。

不同研究人员提出了非达西流的经验关联式。基于 Ergun 等（1949）提出的理论方程，Ergun（1952）通过分析 640 次实验数据得出了一个经验方程，该实验涉及含有二氧化碳、氮气、甲烷和氢气等多种气体，以及不同大小的球体、沙子、粉碎焦炭。根据 Thauvin 等（1998）的综述，将 Ergun 经验流量方程与 Forchheimer 方程进行比较，得出：

$$\beta = ab^{-0.5}(10^{-8}k)^{-0.5}\phi^{-1.5} \tag{3.14}$$

式中　a——数值，$a=1.75$；
　　　b——数值，$b=150$；
　　　k——以 mD（毫达西）为单位；
　　　β——以 1/cm 为单位。

Macdonald 等（1979）分析了式（3.9）中不同粗糙度的颗粒，得出 $b=180$，同时，a 范围为 1.8~4。

Janicek 等（1955）提出了预测天然多孔介质的非达西系数方程，如下所示：

$$\beta=1.82\times10^8k^{-1.25}\phi^{-0.75} \tag{3.15}$$

式中　k——以 mD（毫达西）为单位表示；

　　　β——以 1/cm 为单位。

Cooke（1973）研究了作为裂缝支撑剂的盐水、原油和气体的非达西流，并仅使用渗透性来预测非达西系数：

$$\beta=bk^{-a} \tag{3.16}$$

式中　a、b——根据不同支撑剂类型，由实验确定的常数。

式（3.16）是简化方程，适用于不同类型的支撑剂。

Geertsma（1974）通过处理非固结介质和固结介质的实验数据，发现式（3.11）不适用于固结材料，但适用于未固结介质。他分析了从自己和其他人的实验（Cornell 等，1953；Green 等，1951）中获得的非固结砂岩、固结砂岩、石灰岩和白云岩的数据，获得了如下的经验关联式：

$$\beta=\frac{0.005}{k^{0.5}\phi^{5.5}} \tag{3.17}$$

式中　k——以 cm^2 为单位；

　　　β——以 1/cm 为单位。

Pascal 等（1980）提出一个数学模型来估计裂缝长度和非达西系数，利用该模型和渗透率水力压裂井的变速实验数据，计算出非达西系数。基于他们的研究结果，提出以下经验关联式：

$$\beta=\frac{4.8\times10^{12}}{k^{1.176}} \tag{3.18}$$

式中　k——以 mD（毫达西）为单位；

　　　β——以 1/m 为单位。

Jones（1987）对 355 个砂岩岩心和 29 个石灰岩岩心进行了实验。这些岩心的类型不同，例如多孔石灰岩、结晶石灰岩和细粒砂岩。通过分析实验数据，他得出了用于估算非达西系数的关联式：

$$\beta=\frac{6.15\times10^{10}}{k^{1.55}} \tag{3.19}$$

式中　k——以 mD（毫达西）为单位；

　　　β——以 1/ft 为单位。

Liu 等（1995）将 Geertsma（1974）编制的式（3.17）应用于 Cornell 等（1953）、Geertsma（1974）、Evans 等（1987）和 Whitney（1988）获得的实际数据。他们发现了式（3.17）是不准确的。通过考虑多孔介质迂曲度对非达西系数的影响，他们得到了比式（3.17）更好的回归拟合关联式：

$$\beta=8.91\times10^8k^{-1}\phi^{-1}\tau \tag{3.20}$$

式中　k——以 mD（毫达西）为单位；

β——以 1/ft 为单位。

Thauvin 等（1998）建立了一个孔隙级网络模型来描述高速流动。他们将孔隙尺寸分布和网络协调数输入到这个模型中，得出了渗透率、非达西系数、弯曲度和孔隙度等输出结果。在分析了收集到的所有数据后，推导出以下关联式：

$$\beta = \frac{1.55 \times 10^4 \tau^{3.35}}{k^{0.98} \phi^{0.29}} \tag{3.21}$$

式中　k——以 D（达西）为单位；
　　　β——以 1/cm 为单位。

Coles 等（1998）在对石灰岩和砂岩样品进行测量数据处理时，怀疑迂曲度可能会影响非达西系数。他们采用了 2 种不同的方法，提出了 2 个公式来计算非达西系数：

$$\beta = \frac{1.07 \times 10^{12} \phi^{0.449}}{k^{1.88}} \tag{3.22}$$

和

$$\beta = \frac{2.49 \times 10^{11} \phi^{0.537}}{k^{1.79}} \tag{3.23}$$

式中　k——以 mD（毫达西）为单位；
　　　β——以 1/ft 为单位。

将式（3.22）和式（3.23）与其他研究人员建立的关联式进行比较，可以发现式（3.22）和式（3.23）中的孔隙度指数是正值，而其他方程中的孔隙度指数是负值。

Cooper 等（1999）用微观模型在各向异性多孔介质中进行了非达西流的研究。他们在预测非达西系数时，考虑了迂曲度的影响：

$$\beta = \frac{10^{-3.25} \tau^{1.943}}{k^{1.023}} \tag{3.24}$$

式中　k——以 cm^2 为单位；
　　　β——以 1/cm 为单位。

Li 等（2001）将非达西效应应用到油藏模拟器中，模拟了非达西流实验。他们在直径为 3ft、厚度为 3/8ft 的冰球形薄片式伯里亚砂岩岩心样品上，在几个不同方向上以不同流速注入氮气。通过将模拟结果与实验结果进行比较，得到伯里亚砂岩 β 的关联式：

$$\beta = \frac{11500}{k\phi} \tag{3.25}$$

式中　k——以 D（达西）为单位；
　　　β——以 1/cm 为单位。

上述用于预测非达西系数的方程仅适用于单相情况。一些研究人员在多相系统中进行了非达西流实验，并得到了一些用于预测非达西系数的经验方程。除了式（3.17）的单相关联式，Geertsma（1974）提出两相流中一种新型 β 关系式。Geertsma（1974）是第一位研究多相系统中非达西流动的研究人员，他认为在两相系统中，式（3.17）中的渗透率在一定的含水饱和度下，将被有效气体渗透率所替代，而孔隙度将被气体占据的空隙率所取代。因此，在流体不动的两相系统中，β 的关联式变成：

$$\beta = \frac{0.005}{k^{0.5}\phi^{5.5}} \frac{1}{\left(1-S_{wr}\right)^{5.5} k_r^{0.5}} \tag{3.26}$$

式中 S_{wr}——剩余含水饱和度（或称为不动液体饱和度）；

k_r——气体相对渗透率。

式（3.26）中 k_r 和 ϕ 的单位与式（3.17）中的对应单位相同。根据式（3.26），液相的存在使得非达西系数增加。Wong（1970）还发现，当流体饱和度从 40% 增加到 70% 时，β 增加了 8 倍。Evans 等（1987）、Grigg 等（1998）及 Coles 等（1998）的研究结果都表明，非达西系数随着液体饱和度的增加而增大。

根据 Kutasov（1993）的实验和分析研究，发现式（3.27）可以同时估算具有可动液体饱和度和不动液体饱和度的 β 值：

$$\beta = \frac{1432.6}{k_g^{0.5}\left[\phi\left(1-S_w\right)\right]^{1.5}} \tag{3.27}$$

式中 k_g——气体有效渗透率，以 D（达西）为单位；

β——以 1/cm 为单位；

S_w——含水饱和度。

Frederick 等（1994）从前人的实验中获得了 407 个数据，其中渗透率在 0.00197～1230mD 之间，数据由 Cornell 等（1953），Geertsma（1974）和 Evans 等（1986）获得。通过使用 2 种不同的回归方法分析数据，并考虑含水饱和度效应，Frederick 等创建了 2 个经验关联式：

$$\beta = \frac{2.11\times 10^{10}}{k_g^{1.55}\left[\phi\left(1-S_w\right)\right]} \tag{3.28}$$

和

$$\beta = \frac{1}{\left[\phi\left(1-S_w\right)\right]^2} e^{45-\sqrt{407+81\ln\frac{k_g}{\phi\left(1-S_w\right)}}} \tag{3.29}$$

式中 k_g——以 mD（毫达西）为单位；

β——以 1/ft 为单位。

尽管式（3.28）和式（3.29）是基于非可移动液相饱和度系统得出的，但 Frederick 等发现这 2 个公式也可用于可移动液相饱和度系统。

Coles 等（1998）用氮气和石蜡进行了非达西实验。他们发现，β 随着石蜡饱和度的增大而增大。当石蜡饱和度小于 20% 时，发现式（3.30）符合其测量数据：

$$\beta = \beta_{dry} e^{6.265 S_p} \tag{3.30}$$

式中 β_{dry}——单相非达西系数；

S_p——石蜡饱和度。

第二节 气体吸附

页岩层的储气机制与常规气藏完全不同，天然气有两种储气方式：既以吸附相形式存在于页岩基质和有机物质上，又以传统的游离气体形式存在于多孔空间中。与常规气藏相比，页岩气藏可储存大量的吸附相气体（Mengal 等，2011；Yu 等，2014）。例如，在阿巴拉契亚盆地、密歇根盆地和伊利诺伊盆地的页岩地层中，天然气储量估算为数十拍立方英尺。实验测量还表明，泥盆系页岩中，50%以上的天然气储量可能是以吸附相的形式存在（Lu 等，1995a）。

气体解吸可能是一种主要产气机制，也是决定最终天然气采收率的重要因素。忽视气体解吸效应可能会导致低估天然气潜力，特别是在总有机碳含量（TOC）较高的页岩地层中。近年来，页岩油气藏迅速增长，研究吸附气体对预计最终采收率（EUR）在短期和长期生产周期中的潜在贡献成为关注焦点。一些研究表明：气体解吸可能有助于增加页岩气藏中的 EUR（Yu 等，2014）。Cipolla 等（2010）的报道称，在 30 年间，巴奈特页岩和马塞勒斯页岩的气体解吸可能占天然气总产量的 5%~15%。不过，气体解吸的影响主要在生产井的后期才能观察到，具体取决于储层的渗透性、井底流压和裂缝间距。据 Thompson 等（2011）观察，在宾夕法尼亚州东北部的马塞勒斯页岩采用 12 级水力压裂完井的气井，与 30 年前的预测结果相比，气体解吸使 EUR 增加了 17%。Mengal 等（2011）提出，对于巴奈特页岩，气体解吸可导致原始天然气地质储量（OGIP）估算值增加约 30%，采收率估算将降低 17%。得出如下结论：如果忽略气体解吸效应，就不可能得出准确的估算和预测。

为了模拟页岩储层的天然气产量，建立准确的气体吸附模型非常重要。根据国际纯粹与应用化学联合会（IUPAC）的标准分类系统（Sing，1982），有 6 种不同的吸附类型，如图 3.3 所示（Donohue 等，1998）。吸附等温线的形状与吸附质、固体吸附剂的性质、孔隙空间的几何形状密切相关（Silin 等，2012）。

绝大部分吸附等温线可分为六种，如图 3.3 所示。Sing（1982）对这些等温线进行了详细描述。在大多数情况下，当表面覆盖度足够低时，等温线会变为线性形式，这个范围通常称为亨利定律区。亨利吸附等温线表明：吸附质的数量与部分压力呈正比。Ⅰ型等温线相对于压力轴呈下凹形，吸附质的数量逐渐趋于极限常数值，是由具有相对较小的外部表面积的微孔固体（如活性炭、分子筛沸石和某些多孔氧化物）产生，极限吸附量由可进入的微孔体积而不是由内表面积控制。Ⅱ型等温线是使用非多孔或宏孔吸附剂获得的正常形式等温线，代表的是无限制的单分子—多分子吸附。Ⅱ型等温线的中间部分几乎呈线性，通常用来表示单分子覆盖完成、多分子吸附即将开始的阶段。Ⅲ型等温线在其整个范围内，相对于压力轴呈上凸形，这种等温线并不常见，最著名的例子是纯非多孔碳上的水蒸气吸附。Ⅳ型等温线的特征是其滞后回路，这与介孔中的毛细管凝聚有关，也与一定高压范围内的极限吸附量有关。Ⅳ型等温线的初始部分归因于单分子—多分子吸附，这部分遵循与Ⅱ型等温线相应部分相同的路径。多种介孔工业吸附剂呈现Ⅳ型等温线。Ⅴ型等温线不常见，它与Ⅲ型等温线相关，在这种情况下，吸附剂—吸附质之间的相互作用较弱，但仅出现在某些多孔吸附剂中。Ⅵ型等温线代表着在均一非多孔表面上逐层多分子吸附；

阶梯高度表示每个吸附层的单分子容量，在最简单的情况下，对于 2 个或 3 个已吸附层，阶梯高度几乎保持不变。

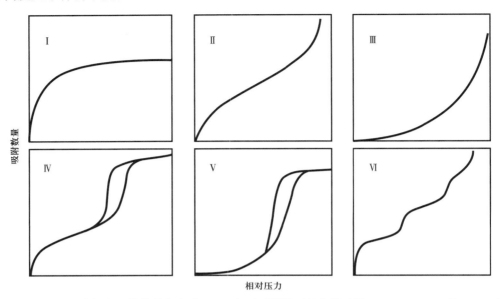

图 3.3　国际纯粹与应用化学联合会（IUPAC）对吸附类型的分类（据 Donohue M. D. 等，1998）

1918 年，欧文·朗缪尔（Irving Langmuir）推导出一种吸附等温线模型，该模型适用于气体在固体表面上的吸附过程（Langmuir，1918）。朗缪尔吸附模型代表了 I 类吸附，通过假设吸附质在等温条件下表现为理想气体来解释吸附。朗缪尔还假设在固体表面上仅有单层分子覆盖，如图 3.4（a）所示。这种等温曲线是一个具有动力学基础的半经验等温线，是基于统计热力学推导出来的。朗缪尔等温线的一般形式如下：

$$V = \frac{V_L p}{p_L + p} \tag{3.31}$$

式中　V——在压力 p 下吸附的气体体积；

　　　V_L——朗缪尔体积，即在无限压力下吸附的最大体积；

　　　p_L——朗缪尔压力，等于图 3.5 呈现的一半朗缪尔体积的压力。

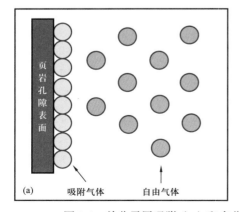 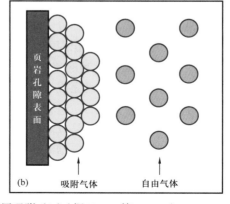

图 3.4　单分子层吸附（a）和多分子层吸附（b）（据 Yu W. 等，2014）

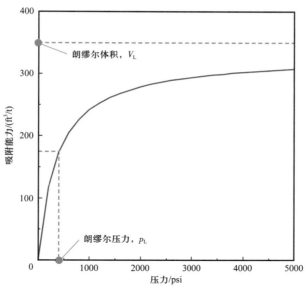

图 3.5 典型朗缪尔等温曲线

在朗缪尔模型中，有几个假设条件是针对最简单的情况进行考虑的：所有的吸附位点都是等效的，每个位点只能容纳一个分子，表面是能量均匀的；所吸附的分子没有相互作用，吸附的气体是不流动的，在最大吸附时，仅形成一层分子；吸附只发生在表面的局部位点，而不是与其他吸附质发生反应。在现实中，这些假设条件很少成立：表面总是非均质的，所吸附分子不一定是不可移动的。此外，通常还会有更多的分子吸附到单分子层上。尽管如此，朗缪尔等温线仍然是大多数吸附模型的首选，并应用在大多数页岩储层案例中。

1938 年，斯蒂芬·布鲁诺尔（Stephen Brunauer）等发表了关于 BET 理论的文章，解释了气体分子在固体表面的物理多层吸附，如图 3.4（b）所示。BET 等温线模型的概念是朗缪尔模型的延伸，它是一个单分子层吸附到多分子层的模型。在 BET 理论中，气体分子在固体上分层以无限的层数物理吸附，并且朗缪尔理论的概念可以应用于每一层。BET 等温线表达式如下：

$$V = \frac{V_m C p}{(p_o - p)\left(1 + \frac{(C-1)p}{p_o}\right)} \tag{3.32}$$

式中 V_m——整个吸附剂表面被完整单分子层覆盖时的最大吸附气体体积；
C——与净吸附热有关的常数；
p_o——气体的饱和压力。

C 定义如下：

$$C = \exp\left(\frac{E_1 - E_L}{RT}\right) \tag{3.33}$$

式中 E_1——第一层吸附热；

E_L——第二层及更高层的吸附热,等于液化热;
R——气体常数;
T——温度。

BET 理论中的假设条件包括均质表面、分子间无横向相互作用、最上层与气相处于平衡状态。BET 吸附等温线方程的更简化形式如下:

$$\frac{p}{V(p_o-p)} = \frac{1}{V_mC} + \frac{C-1}{V_mC}\frac{p}{p_o} \quad (3.34)$$

$\frac{p}{V(p_o-p)}$ 与 $\frac{p}{p_o}$ 的关系图应是截距为 $\frac{1}{V_mC}$、斜率为 $\frac{C-1}{V_mC}$ 的一条直线。

标准 BET 等温线假设吸附层数无限大。当 n 吸附层是某个有限数量时,BET 等温线的一般形式如下:

$$V(p) = \frac{V_mC\frac{p}{p_o}}{1-\frac{p}{p_o}}\left[\frac{1-(n+1)\left(\frac{p}{p_o}\right)^n + n\left(\frac{p}{p_o}\right)^{n+1}}{1+(C-1)\frac{p}{p_o} - C\left(\frac{p}{p_o}\right)^{n+1}}\right] \quad (3.35)$$

式中 n——吸附层数。

当 $n=1$,式(3.35)将简化成为朗缪尔等温线的式(3.31)。当 $n=\infty$,式(3.35)将会简化为式(3.32)。Yu 等(2016)认为,在高储层压力下,吸附在有机碳表面上的天然气形成多个分子层,他们通过实验室研究,观察到:在马塞勒斯页岩某些区域的气体解吸符合 BET 等温线。也就是说,对于页岩储层上吸附的气体量,朗缪尔等温线可能无法得出很好的近似值,而 BET 等温线应该是更优的选项。

为了提高对页岩储层内吸附过程的认知,科学家们进行了大量的页岩吸附实验(Heller 等,2014;Lu 等,1995b;Ross,2007;Nuttall 等,2005;Vermylen,2011),他们在恒定温度下,测量了不同压力下的吸附物表面的吸附量,从而量化表征材料的吸附潜力,并定义吸附等温线。吸附等温线的幅度和形状有助于更好地理解材料的孔隙结构和表面性能。用于测量吸附的方法已经得到完善,通常大致分为基于质量或基于容积的方法(Heller 等,2014)。基于质量的方法通常在材料科学中使用,直接测量与吸附相关的样品质量的变化,这种方法的优点是具有非常高的准确性,缺点是需要使用微小的样本量。在石油和天然气行业中,通常使用基于容积的方法,这是因为可以使用更大的样品体积。容积法类似于基于波伊耳定律的孔隙度测量法。通过使用吸附气体和未吸附气体进行孔隙体积测量,以计算吸附量。

Heller 等(2014)测量了巴奈特、鹰滩、马塞勒斯和蒙特尼储层样品上的 CH_4 和 CO_2 吸附等温线(图 3.6)。在图 3.6 中,所有数据均符合朗缪尔等温线,特别是 CO_2 呈现出比 CH_4 更高的吸附能力。在该实验中,CO_2 吸附量在巴奈特和马塞勒斯样品中的吸附量是 CH_4 的 2 倍,在鹰滩样品中的吸附量是 CH_4 的 3 倍。多项研究报告表明,在地下条件下,CO_2 对页岩储层的吸附亲和力大于 CH_4,对页岩储层的吸附亲和力具体取决于有机材料的热成熟度(Busch 等,2008;Kim 等,2017;Shi 等,2008)。因此,近年来人们对于将

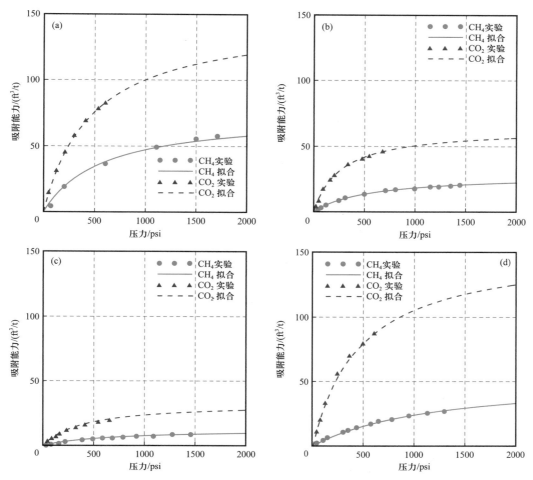

图 3.6　巴奈特、马塞勒斯、鹰滩和蒙特尼页岩储层样品的 CH_4 和 CO_2 吸附等温线（据 Heller R. 等，2014）
（a）巴奈特样品；（b）马塞勒斯样品；（c）鹰滩样品；（d）蒙特尼样品

CO_2 注入页岩储层中来实现 CO_2 封存和提高估算天然气最终采收率（EGR）的技术越来越感兴趣。关于在页岩储层中注入 CO_2 将在第五章详细阐述。尽管大多数文献及 Heller 等（2014）认为单分子层朗缪尔等温线可以描述页岩储层中的吸附行为，但 Yu 等（2016）指出，CH_4 吸附的测量值与朗缪尔等温线存在偏差。在 4 个马塞勒斯页岩岩心样品中，吸附等温线未遵循朗缪尔理论，却遵循 BET 理论，如图 3.7 所示。在这些实验中，数据在低压下与朗缪尔吸附相符。然而，在高储层压力下，所有数据都偏离了朗缪尔等温线，更符合 BET 等温线。大部分先前研究是在低压下进行的吸附实验，因此需要对高压下的吸附行为进行详细分析。此外，根据 Vermylen（2011）的研究，CO_2 的吸附符合 BET 等温线。

近年来，一些科研人员研究了吸附作用对页岩渗透率的影响。Sinha 等（2013）和 Cao 等（2016）通过对页岩样品的渗透率进行测量后发现，气体吸附会影响了页岩的渗透率。尽管吸附对页岩渗透率的影响人们尚未完全了解，但关于煤炭的吸附效应已经有一些研究。Palmer 等（1998）提出了一个理论模型，用于计算随压力和基质收缩而变化的煤炭孔隙体积、可压缩性和渗透率。他们引入了孔隙度和渗透率乘数，方法如下：

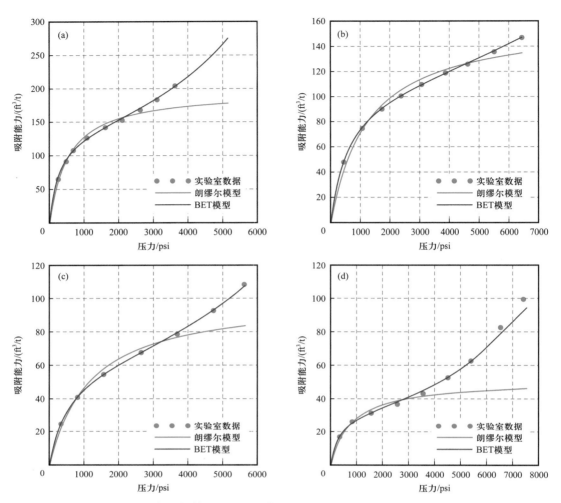

图 3.7 1～4 号样品与朗缪尔等温线、BET 等温线的拟合结果（据 Sepehrnoori K. 等，2016）
（a）1 号样品；（b）2 号样品；（c）3 号样品；（d）4 号样品

$$\frac{\phi}{\phi_i} = 1 + \frac{c_f}{\phi_i}(p - p_i) + \frac{\varepsilon_l}{\phi_i}\left(1 - \frac{K}{M}\right)\left(\frac{p_i}{p_i + p_L} - \frac{p}{p + p_L}\right) \tag{3.36}$$

$$\frac{k}{k_i} = \left(\frac{\phi}{\phi_i}\right)^n \tag{3.37}$$

其中：

$$\frac{K}{M} = \frac{1}{3}\left(\frac{1+\nu}{1-\nu}\right) \tag{3.38}$$

式中 c_f——孔隙容积可压缩性；
ε_l——无限压力下的应变；
K——体积模量；
M——轴向模量。

式（3.36）的第 3 项表示取决于吸附效应的应变。为了考虑吸附和应力变化对渗透性产生的影响，将这一项与式（3.31）进行组合（Kim，2018）：

$$k = k_i \left\{ \left(\frac{\sigma'}{\sigma'_i} \right)^{-b} + \left[\frac{\varepsilon_l}{\phi_i} \left(1 - \frac{K}{M} \right) \left(\frac{p_i}{p_i + p_L} - \frac{p}{p + p_L} \right) \right]^n \right\} \quad (3.39)$$

Kim（2018）将式（3.39）与 Guo 等（2017）的实验数据进行了拟合。Guo 等（2017）对储层条件下的页岩岩心进行了吸附和渗透率测量，他们消除了应力敏感性对页岩渗透率测量的影响，重点关注吸附对页岩渗透率的影响。图 3.8 显示了在页岩岩心中测量的 CH_4 吸附和渗透率数据及与朗缪尔等温线和式（3.39）的拟合结果。表 3.1 显示了用于渗透率拟合的输入值。

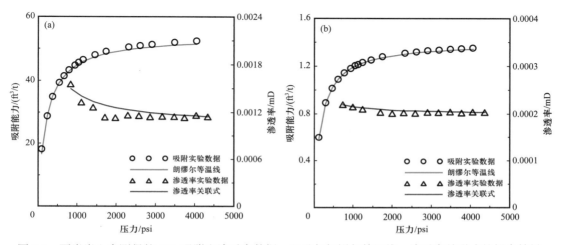

图 3.8　页岩岩心中测得的 CH_4 吸附和渗透率数据，以及与朗缪尔等温线、渗透率关联式的拟合结果

表 3.1　页岩岩心中的朗缪尔吸附和渗透率关联式的拟合值

拟合参数	岩心 A	岩心 B
朗缪尔压力	201	174
朗缪尔体积	54	49
无限压力下的应变	0.04	0.03
体积与轴向模量之比	0.5	0.5

Kim（2018）在其研究中使用了式（3.39），该公式考虑了朗缪尔等温线所引起的应变变化。

结合 BET 等温线 [式（3.35）]，扩展应变依赖渗透率关联式如下：

$$k = k_i \left\{ \left(\frac{\sigma'}{\sigma'_i} \right)^{-b} + \frac{\varepsilon_l}{\phi_i} \left(1 - \frac{K}{M} \right) \left\{ \frac{C \frac{p_i}{p_o}}{1 - \frac{p_i}{p_o}} \left[\frac{1 - (n+1) \left(\frac{p_i}{p_o} \right)^n + n \left(\frac{p_i}{p_o} \right)^{n+1}}{1 + (C-1) \frac{p_i}{p_o} - C \left(\frac{p_i}{p_o} \right)^{n+1}} \right] - \frac{C \frac{p}{p_o}}{1 - \frac{p}{p_o}} \left[\frac{1 - (n+1) \left(\frac{p}{p_o} \right)^n + n \left(\frac{p}{p_o} \right)^{n+1}}{1 + (C-1) \frac{p}{p_o} - C \left(\frac{p}{p_o} \right)^{n+1}} \right] \right\} \right\} \quad (3.40)$$

由应力变化和吸附效应导致的渗透性变化可以通过式（3.39）和式（3.40）进行计算。

第三节　纳米级流动

页岩储层具有许多非常规特征和其他需要考虑的因素，特别是纳米级流动。多孔介质的纳米级烃类流动涉及多种不同的运移机制（Freeman等，2011）。Hassan（1996）研究了气体通过微孔沸石，Tzoulaki等（2009）研究了其他纳米多孔材料中的气体流动。在微米级—纳米级运移机制研究工作中获得的许多见解都适用于页岩中的油气运移。与常规储层不同，页岩气的运移受孔隙尺寸和多孔介质特性的影响很大。因此，常规连续流方程—达西方程已不再适用于描述页岩储层纳米孔隙中复杂的气体运移机制。Akkutlu等（2015）、Civan（2010）、Fathi等（2012）、Javadpour（2009）、Javadpour等（2007）、Moghanloo等（2015）、Sheng等（2015）、Sheng等（2018）、Wu等（2015）和Zheng等（2017）近期对页岩储层中多种流动机制进行了研究，发现了页岩储层不同于常规储层的潜在运移机制，本节将介绍页岩气流动中至关重要的滑移（Slippage）和克努森扩散（Knudsen diffusion）。

页岩储层中的孔隙尺寸范围在 1~100nm 之间，所含的气体分子尺寸（约为 0.5nm）与孔隙尺寸相当。在一定的压力和温度条件下，烃类分子之间的距离（平均自由程）超过了孔隙尺寸。在这种情况下，气体分子可能会单独通过孔隙移动，因此，纳米孔中的气体流动行为偏离了连续体和块体流动的概念（图 3.9）。为了描述页岩储层纳米级孔隙中的这些流动行为，一些学者引入了表观渗透率的概念。

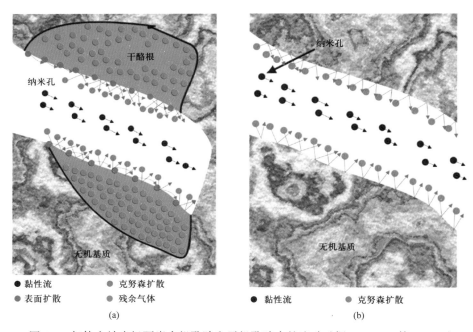

图 3.9　气体在纳米级页岩有机孔隙和无机孔隙中的流动（据 Sheng G. 等，2018）

Javadpour（2009）首次提出了一种表观渗透率模型，通过将气体流动公式与达西方程进行比较，将对流流动和克努森扩散耦合在纳米孔隙中。在 Javadpour 模型的基础上，不同学者建立了多种页岩模型，可以通过表观渗透率描述复杂的气体运移机制。目前，在页岩气储层中存在几种代表性的表观渗透率模型（Sheng 等，2018）：Javadpour 模型基于多孔介质的孔径（Akkutlu 等，2012，2015；Azom 等，2012；Dar-abi 等，2012；Javad-pour，2009；Javadpour 等，2007；Sheng 等，2015，2018；Singh 等，2016；Wasaki 等，2015；Zhang 等，2015），而 Civan 模型则基于克努森数（Civan 等，2011，2013；Islam 等，2014；Song 等，2016；Wang 等，2017；Wu 等，2015；Yuan 等，2015）。Javadpour 模型利用孔隙尺寸表征固有渗透率、克努森扩散系数和滑移系数，并提出了考虑黏性流动、滑移效应、克努森扩散和表面扩散的耦合流动方程。Civan 模型应用 Beskok 和 Karniadakis 模型（1999）来描述多孔介质中的气体运移，并使用模型中的克努森数将黏性流动和克努森扩散耦合起来。接下来，将进一步探讨页岩储层中流动机制的详细特征。

克努森数 K_n 为平均自由程 λ 与孔径 d 之比，可用于识别多孔介质中不同的流态，如下所示：

$$K_n = \frac{\lambda}{d} \tag{3.41}$$

其中：

$$\lambda = \frac{k_B T}{\sqrt{2}\pi \delta^2 p} \tag{3.42}$$

式中　k_B——玻尔兹曼常数（1.3806488×10^{23} J/K）；
　　　δ——气体分子的碰撞直径。

据多项研究（Rathakrishnan，2004；Rezaee，2015；Roy 等，2003），气体运移可以按克努森数划分为不同的流动模式，在每个流态中，气体运移遵循不同的流动方程。对于 K_n 小于 10^{-3}，孔隙中的气体运移为连续流动，不存在滑移效应。在这种流态下，气体可以看作连续介质，气体流动符合达西方程。对于 K_n 在 $10^{-3} \sim 10^{-1}$ 之间时，孔隙中的气体运移为连续流动，存在滑移效应，在这种流态下，气体仍然可视为连续介质，这是因为气体流动符合达西定律。此外，因为沿孔壁的气体流量不为零，且存在滑移效应，所以气体流动符合克林肯伯格方程。因此，在这个流态内的气体流动同时受到达西效应和滑移效应的影响。当 K_n 在 $10^{-1} \sim 10$ 之间时，孔隙中的气体运移为过渡性流动，在这种流态内，λ 和 d 具有相同的数量级大小，气体分子之间的碰撞对气体流动的影响与气体分子与孔壁之间的碰撞一样重要。由于连续流的假设不再有效，在这种流态下的气体运移是克努森扩散和滑移流的结合。当 K_n 大于 10，孔隙中的气体运移为自由分子流动，在这种流态下，气体分子之间的碰撞不再重要，而气体分子与孔壁之间的碰撞成为主要影响因素，在这种流态内气体运移仅符合克努森扩散。图3.10展示了根据克努森数的各种流态和控制方程的汇总。

当 K_n 在 $0.001 \sim 0.1$ 之间时，不能忽略气体分子与内壁表面的碰撞，并且滑移效应也不可忽略。因此，明显气体渗透性高于液体测量的结果。Klinkenberg（1941）通过实验发现，达西渗透率与系统中平均压力的倒数之间存在线性关系，具体如下所示：

克努森数(K_n)	0~10^{-3}	10^{-3}~10^{-1}	10^{-1}~10	10~∞
流态	连续流	滑移	过渡流	自由分子流
流动热力学方程	玻耳兹曼方程			
水力学方程	欧拉方程	纳维—斯托克斯方程	伯纳特方程	玻耳兹曼方程的极限形式
多孔介质中的流动方程		达西流方程	克林肯伯格方程	克努森扩散方程

图 3.10 根据克努森数划分的不同流态和控制方程

$$k_g = k_D \left(1 + \frac{b}{p_{avg}}\right) \quad (3.43)$$

式中 k_g——平均压力 p_{avg} 下的气体渗透率；
k_D——达西渗透率或液体渗透率；
b——克林肯伯格参数。

实验参数 b 和 k_D 为通过对 k_g 与 $\frac{1}{p_{avg}}$ 数据进行拟合得到的斜率和截距（图 3.11）。

Javadpour（2009）提出了一个包括克努森扩散和滑移流的模型，这些机制对单个直径、直通圆柱形纳米管中气体流动起到重要作用。Javadpour（2009）指出，气体通过纳米孔的总质量通量是克努森扩散和压力结合的结果，如下所示：

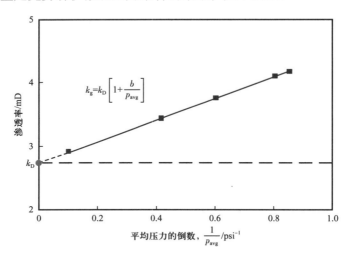

图 3.11 气体渗透率测量中的克林肯伯格效应

$$J = J_a + J_D \quad (3.44)$$

式中 J——总质量通量；
J_a——由压力引起的对流质量通量；
J_D——克努森扩散质量通量。

圆管中理想气体层流的对流质量通量 J_a 可以通过哈根—泊肃叶方程中推导出来（Bird

等，2007）。Javadpour（2009）提出了考虑孔隙长度的对流质量通量方程，如下所示：

$$J_a = -\frac{r^2}{8\mu}\frac{\rho_{avg}}{L}\Delta p \tag{3.45}$$

对于纳米级孔隙，无滑移边界条件是无效的（Brown 等，1946；Hadjiconstantinou，2006；Hornyak 等，2008；Javadpour 等，2007；Karniadakis 等，2005）。纳米孔表面的滑移速度减缓了气体流动。Brown 等（1946）引入了一个理论上的无量纲系数 F，用以纠正管内滑移速度：

$$F = 1 + \left(\frac{8\pi RT}{M}\right)^{0.5}\frac{\mu}{p_{avg}r}\left(\frac{2}{\alpha}-1\right) \tag{3.46}$$

式中 α——切向动量调节系数，也称气体分子从管壁上漫反射的部分与镜面反射相对应的比例（Maxwell，1995）。

系数 α 值在理论上范围从 0～1 不等，具体取决于管壁表面的光滑度、气体类型、温度和压力。需要进行实验测量才能确定特定泥岩系统的 α 数值。式（3.46）表明，较小的孔隙会导致更高的乘数 F 值，较低的压力也会导致较高的 F 值。

Roy 等（2003）指出，纳米级孔隙中的克努森扩散可以用压力梯度的形式表示。稳态实验数据表明，流量与压降之间呈线性关系。在纳米级孔隙中，通过扩散产生的气体质量通量可以忽略黏性效应，并可以描述如下（Javadpour，2009；Roy 等，2003）：

$$J_D = \frac{MD_K}{10^3 RT}\nabla p \tag{3.47}$$

式中 M——摩尔质量；

D_K——克努森扩散常数；

R——气体常数，8.314J/（mol·K）；

T——绝对温度（以开尔文为单位）。

克努森扩散常数 D_K 的定义如下（Javadpour 等，2007）：

$$D_K = \frac{2r}{3}\left(\frac{8RT}{\pi M}\right)^{0.5} \tag{3.48}$$

根据式（3.44）—式（3.48），考虑到滑移流和克努森扩散的组合，纳米孔总质量通量的计算如下所示：

$$J = -\left[\frac{2rM}{3\times 10^3 RT}\left(\frac{8RT}{\pi M}\right)^{0.5} + F\frac{r^2\rho_{avg}}{8\mu}\right]\frac{(p_2-p_1)}{L} \tag{3.49}$$

根据 Javadpour（2009）的研究，式（3.49）与 Roy 等（2003）提出的由相对圆柱形和直纳米孔组成的均质多孔介质的实验数据一致。

根据达西方程计算传统系统中可压缩气体的体积通量，以及通过式（3.49）计算纳米孔的体积通量，具体计算方法如下：

$$\frac{q}{A} = -\frac{k_D}{\mu}\frac{(p_2 - p_1)}{L} \qquad (3.50)$$

$$\frac{q}{A} = -\left[\frac{2rM}{3\times 10^3 RT \rho_{avg}}\left(\frac{8RT}{\pi M}\right)^{0.5} + F\frac{r^2}{8\mu}\right]\frac{(p_2 - p_1)}{L} \qquad (3.51)$$

通过增大孔隙尺寸或增加压力，可以将式（3.51）简化为达西方程。将式（3.50）和式（3.51）进行对比，获得泥岩系统中气体流动的表观渗透率 k_{app} 的计算公式：

$$k_{app} = \frac{2r\mu}{3\times 10^3 p_{avg}}\left(\frac{8RT}{\pi M}\right)^{0.5} + \frac{r^2}{8}\left[1+\left(\frac{8\pi RT}{M}\right)^{0.5}\frac{\mu}{p_{avg}r}\left(\frac{2}{\alpha}-1\right)\right] \qquad (3.52)$$

根据式（3.52），纳米孔系统中的渗透率不仅取决于岩石性质，还取决于特定压力和温度下的流动气体性质。在式（3.52）中，克努森扩散在传统系统中可以忽略不计，但在细粒泥岩中起着至关重要的作用。

Javadpour（2009）在研究中提出了多种表观渗透率的修正方法。由于 Javadpour（2009）的模型仅严格适用于理想气体条件，Azom 等（2012）提出了适用于真实气体在多孔介质中流动的修正后表观渗透率，如下所示：

$$k_{app} = \frac{2r\mu c_g}{3\times 10^3}\left(\frac{8ZRT}{\pi M}\right)^{0.5} + \frac{r^2}{8}\left[1+\left(\frac{8\pi RT}{M}\right)^{0.5}\frac{\mu}{p_{avg}r}\left(\frac{2}{\alpha}-1\right)\right] \qquad (3.53)$$

式中　c_g——气体可压缩性；

　　　Z——可压缩因子。

在式（3.52）和式（3.28）中，真实气体变成理想气体，原因是气体可压缩性 $c_g = \frac{1}{p_{avg}}$ 且可压缩因子 $Z=1$。

Darabi 等（2012）对 Javadpour（2009）模型进行了多项修改，以适用于超紧密自然多孔介质，其特征是由相互连通的曲折微孔和纳米孔组成的网络。在克努森扩散术语中，引入了孔隙率/曲率因子 $\frac{\phi}{\tau}$，来模拟通过多孔介质的克努森流动（Javadpour 等，2007）。此外，还包含孔隙表面的分形维数 D_f，以考虑孔隙表面粗糙度对克努森扩散系数的影响（Coppens，1999；Coppens 等，2006）。表面粗糙度是局部异质性的一个示例。增加表面粗糙度会导致分子在多孔介质中停留时间增加，克努森扩散系数降低。D_f 是表面粗糙度的定量化测量值，其取值范围在 2～3 之间，分别表示光滑表面和填充表面（Coppens 等，2006）。Darabi 等（2012）提出的表观渗透率模型的最终形式为：

$$k_{app} = \frac{\mu\phi}{\tau p_{avg}}(\delta_r)^{D_f - 2}D_k + \frac{r^2}{8}\left[1+\left(\frac{8\pi RT}{M}\right)^{0.5}\frac{\mu}{p_{avg}r}\left(\frac{2}{\alpha}-1\right)\right] \qquad (3.54)$$

式中　δ'——归一化分子大小 d_m 与局部平均孔径 d_p 的比值。

在上述模型中，使用了切向动量适应系数的数值。切向动量适应系数是一个经验参数，用于考虑气体分子在孔壁处滑移流动的影响。这些模型中最显著的限制在于对切向动量适应系数的估算，切向动量适应系数的估算需要进行昂贵的实验或分子动力学模拟（Agrawal 等，2008）。

尽管研究人员已经进行了大量实验和数值研究，以确定简化的常规系统中的切向动量适应系数，但由于页岩油气藏中有机物和矿物类型多样及气体成分的不同，目前无法获取切向动量适应系数在页岩油气藏中的数据。因此，Singh 等（2014）提出了一种名为非经验表观渗透率（NAP）的模型，该模型不需要使用经验系数就可以可靠地预测页岩储层中的表观渗透率。Singh 等（2014）基于页岩气系统的基本流动方程推导出了表观渗透率。通过总质量流量，即平流和分子空间扩散的叠加（Veltzke 等，2012），可以将达西定律转换为裂缝或管道的表观渗透率的表达式：

$$\left(k_{app}\right)_{slit} = \frac{\phi \mu h}{3\tau} \left(\frac{h_{slit} Z}{4\mu} \frac{8}{\pi p_{avg} M} \sqrt{\frac{2MRT}{\pi}} \right) \tag{3.55}$$

$$\left(k_{app}\right)_{tube} = \frac{2\phi \mu d}{\pi \tau} \left(\frac{\pi d_{tube} Z}{64\mu} \frac{1}{3 p_{avg} M} \sqrt{2\pi MRT} \right) \tag{3.56}$$

式中　h_{slit}——矩形缝隙的高度；

d_{tube}——管道的直径。

非经验表观渗透率（NAP）模型考虑了 2 种孔隙几何形状：圆柱形管道和矩形通道（缝隙）。当多孔介质由其他形状组成时，介质的渗透率将介于由管道组成的介质的渗透率和由裂缝组成的介质的渗透率。因此，NAP 模型中考虑的这 2 种形状可以可靠地捕捉多孔介质中不同孔隙形状的平均效应，而精确捕捉每个孔隙的形状是不切实际且无法实现的任务。每种形状类型的渗透率都对储层的有效渗透率产生影响。有效渗透率是每种形状类型渗透率的统计求和（Fenton，1960），如下所示：

$$\ln\left(k_{app}\right)_{eff} = \frac{x}{100} \ln\left(k_{app}\right)_{slit} + \frac{100-x}{100} \ln\left(k_{app}\right)_{tube} \tag{3.57}$$

$$\left(k_{app}\right)_{eff} = \left[\left(k_{app}^{\frac{x}{100}}\right)_{slit} \left(k_{app}^{\frac{100-x}{100}}\right)_{tube} \right] \tag{3.58}$$

式中　k_{eff}——包括吸附效应后的有效渗透率。

尽管文献中存在一些关于纯气体和固体材料的观察值，但在页岩系统找到这些数据并不简单。因此，无须依赖经验值的方法极具吸引力。

Singh 等（2016）提出了考虑朗缪尔条件（Myong，2001，2004）的页岩微观/纳米孔隙表观渗透率模型，该模型考虑了由黏性流动、滑移流动、克努森扩散和吸附导致的气体运移。他们将这个渗透率模型称为朗缪尔滑移渗透率（LSP）模型，它适用于滑移流动和过渡流态。朗缪尔滑移条件考虑了气体与表面分子之间的相互作用，起源于表面化学理论（Adamson 等，1997）。与之前文献相比，Singh 等（2016）提出了 LSP 模型的几个创新之处。LSP 模型弥补了麦克斯韦（Maxwell）滑移条件下的不足。在麦克斯韦滑移条件下，难以得到页岩中切向动量应用系数的准确值，并且很难准确估计速度梯度。此外，麦克斯韦滑移条件无法解释气体类型与表面分子之间的差异。与切向动量应用系数进行对比，LSP 模型中的朗缪尔吸附数据更容易测量，可以用来确定气体流动的滑移系数。LSP 模型包括了对气体流动的高阶滑移效应。Singh 等（2016）给出了图 3.12，比较了朗缪尔滑移渗透率（LSP）模型、非经验表观渗透率（NAP）模型、表观渗透率函数（APF）模型、克林肯伯格模型、达西流模型和克努森扩散模型的结果。

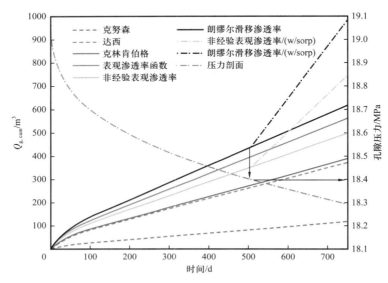

图 3.12　朗缪尔滑移渗透率（LSP）模型、非经验表观渗透率（NAP）模型、表观渗透率函数（APF）模型、克林肯伯格模型、达西流模型和克努森扩散模型的累计天然气产量预测（据 Singh H. 等，2016）

朗缪尔滑移模型是基于吸附理论，根据压力和温度确定吸附气体的数量。因此，利用朗缪尔吸附等温线（1918）推导出了朗缪尔滑移模型。通过 Arkilic（1997）采用的方法，从朗缪尔滑移模型中获得了流动的解析解。该方法首先利用达西定律将平均流速应用于动量方程，然后计算得出表观渗透率。通过朗缪尔滑移模型中的无量纲流速（Myong，2004），可以获得狭缝内的平均流速。然后将平均流速应用于达西定律，以获得表观渗透率，具体计算如下：

$$k_{\text{app}} = -\frac{\phi}{\tau} \frac{h^2}{4\delta} \frac{\mathrm{d}p}{\mathrm{d}x}\left(\frac{2}{3} + \frac{1}{\sqrt{\beta}p}\right) \tag{3.59}$$

其中：

$$\delta = -\left(\frac{\mathrm{d}p}{\mathrm{d}x}\right)_{x=1}\left(2 + \frac{3}{\sqrt{\beta}}\right) \tag{3.60}$$

$$p = \frac{p - p_{\min}}{p_{\max} - p_{\min}} \tag{3.61}$$

式中 x——无量纲长度;

$\bar{\beta} = \beta p$——无量纲的朗缪尔吸附常数;

$\left(\dfrac{\mathrm{d}p}{\mathrm{d}x}\right)_{x=1}$——出口条件或孔隙出口处压力分布的 x 导数。

Civan（2010）利用滑移流动假设建立了表观渗透率模型，其中采用了简化的二阶滑移模型。他们改进了 Beskok 等（1999）的统一哈根—泊肃叶（Hagen-Poiseuille）类型方程，涵盖了密闭多孔介质中的基本流动区域。Beskok 等（1999）提供的无量纲稀疏系数的实际相关性是一个复杂的三角函数。Civan（2010）提出了一个简单的倒幂律函数，与相同的数据呈现出更明确的关联性。此外，他们还考虑了密闭多孔介质中的优先流道数量和迂曲度等问题，推导出了表观渗透率模型。下面是一个描述体积气体流经单个管道的统一的哈根—泊肃叶类型方程（Beskok 等，1999）:

$$q_{\mathrm{h}} = f(K_{\mathrm{n}}) \dfrac{\pi r^4}{8\mu} \dfrac{\Delta p}{L_{\mathrm{h}}} \tag{3.62}$$

其中:

$$f(K_{\mathrm{n}}) = (1 + \alpha K_{\mathrm{n}})\left(1 + \dfrac{4K_{\mathrm{n}}}{1 - bK_{\mathrm{n}}}\right) \tag{3.63}$$

式中 L_{h}——水力长度或迂回流道长度;

α——无量纲稀疏系数，其取值范围为 $0 < \alpha < \alpha_{\mathrm{o}}$，限定条件为 $0 \leqslant K_{\mathrm{n}} < \infty$;

b——滑移系数。

Beskok 等（1999）提出了无量纲稀疏系数 α 的经验关联式:

$$\alpha = \alpha_{\mathrm{o}} \dfrac{2}{\pi} \tan^{-1}\left(\alpha_1 K_{\mathrm{n}}^{\alpha_2}\right) \tag{3.64}$$

由于上述方程的数学形式较为复杂，Beskok 等（1999）提供了一个的简单的倒幂律表达式，如下所示:

$$\dfrac{\alpha_{\mathrm{o}}}{\alpha} - 1 = \dfrac{A}{K_{\mathrm{n}}^{B}} \tag{3.65}$$

式中 A、B——经验拟合常数。

结果表明，这种简单关联式提供了更准确、更实用的方法。Civan（2010）根据流经单个管道的统一哈根—泊肃叶类型方程，推导出了通过一束迂回流道的体积气体流量，如下所示:

$$q = nq_{\mathrm{h}} = nf(K_{\mathrm{n}}) \dfrac{\pi r^4}{8\mu} \dfrac{\Delta p}{L_{\mathrm{h}}} \tag{3.66}$$

式中 n——在多孔介质中形成的优先水力流道数量。

n 可以通过将以下公式计算出的数值四舍五入到最接近的整数来近似估算（Civan，2007）:

$$n = \frac{\phi A_b}{\pi r^2} \tag{3.67}$$

式中 A_b——垂直于流动方向的多孔介质的体积表面积。

A_b 可以通过流动的达西类型流量梯度定律宏观描述，其中假定流量与压力梯度呈正比，如下所示：

$$q = \frac{k_{app} A_b}{\mu} \frac{\Delta p}{L} \tag{3.68}$$

将上述公式组合起来，可以得到表观渗透率的如下表达式：

$$k = \frac{\phi r^2}{8\tau_h} f(K_n) \tag{3.69}$$

其中：

$$\tau_h = \frac{L_h}{L} \tag{3.70}$$

除上述模型外，还有许多关于页岩储层中纳米级流动的研究成果（Ahmed 等，2016）。Akkutlu 等（2012）的模型包括了基质/断裂系统的双多孔介质连续体，其中基质由有机孔隙和无机孔隙组成。Sakhaee-Pour 等（2012）利用滑移流动假设建立了包括多孔介质的空间表征和几何形状的模型，以麦克斯韦理论表示。Naraghi 等（2015）提出了一种通过随机表征有机孔隙和无机孔隙的模型，该模型可以区分有机物和无机物中的不同孔隙系统。Sheng 等（2018）提出了考虑应力引起的孔隙尺寸变化的情况下页岩中气体运移模型，用压缩系数表征应力敏感性对气体运移关键参数的影响。尽管这一领域已经进行了大量研究，但对于页岩储层纳米级流动中的流体流动尚未达成共识，因此需要进行持续的研究和严格的验证工作。

第四节 分子扩散

由于页岩储层的渗透性较低，其分子扩散效应比常规储层更为明显。值得注意的是，一些文献提出（Kim 等，2017；Sheng，2015a；Wang 等，2010；Yu 等，2015），在页岩储层注入二氧化碳时应考虑分子扩散，但人们对此仍然知之甚少。由浓度梯度差异驱动的分子扩散通常由菲克定律（1855）来模拟。在稳态假设条件下，菲克定律将扩散通量与浓度相关联，假设扩散通量从高浓度区域流向低浓度区域，其大小与浓度梯度呈正比。菲克第一定律的一般形式是

$$J_d = -D\nabla C \tag{3.71}$$

式中 J_d——分子扩散通量；
　　D——扩散系数；
　　C——浓度。

如果存在浓度梯度，气体扩散会使浓度逐渐平衡。根据 Freeman 等（2011）的研究，

当克努森扩散导致气体种类分离时，分子扩散将抵消任何分馏效应。因此，有必要在页岩储层模型中加入气体扩散项。

计算分子扩散系数的方法有几种。根据各种实验数据，Wilke 等（1955）提出，扩散因子 $\dfrac{D_i\mu}{T}$ 与溶质摩尔体积和溶剂分子量相关。根据这些结果，他们得到了以下公式：

$$D_i = \frac{7.4\times10^{-8}\left(M_i'\right)^{0.5}T}{\mu V_{\mathrm{b}i}^{0.6}} \tag{3.72}$$

其中：

$$M_i' = \frac{\sum\limits_{j\neq i} y_j M_j}{1-y_i} \tag{3.73}$$

$$V_{\mathrm{b}i} = 0.285 V_{\mathrm{c}}^{1.048} \tag{3.74}$$

式中　D_i——混合物中组分 i 的扩散系数；

　　　M_i'——溶剂分子量；

　　　$V_{\mathrm{b}i}$——组分 i 在沸点时的部分摩尔体积；

　　　y_i——组分 i 的摩尔分数；

　　　M_j——组分 j 的分子量；

　　　V_{c}——临界体积。

通过拟合实验结果，Sigmund（1976a，1976b）还得出了预测二元分子扩散系数的一般关联式：

$$D_{ij} = \frac{\rho^0 D_{ij}^0}{\rho}\left(0.99589 + 0.096016\rho_{\mathrm{r}} - 0.22035\rho_{\mathrm{r}}^2 + 0.032874\rho_{\mathrm{r}}^3\right) \tag{3.75}$$

其中：

$$\rho_{\mathrm{r}} = \rho\left(\frac{\sum\limits_{i=1}^{n_{\mathrm{c}}} y_i v_{\mathrm{c}i}^{\frac{5}{3}}}{\sum\limits_{i=1}^{n_{\mathrm{c}}} y_i v_{\mathrm{c}i}^{\frac{2}{3}}}\right) \tag{3.76}$$

$$\rho^0 D_{ij}^0 = \frac{0.0018583 T^{0.5}}{\sigma_{ij}^2 \Omega_{ij} R}\left(\frac{1}{M_i} + \frac{1}{M_j}\right)^{0.5} \tag{3.77}$$

式中　D_{ij}——混合物中分量 i 和分量 j 之间的二元扩散系数；

　　　$\rho^0 D_{ij}^0$——密度扩散系数乘积的零压力限；

　　　ρ——扩散混合物的摩尔密度；

　　　ρ_{r}——降低后的密度。

$\rho^0 D_{ij}^0$ 数值通过用于估算分子参数的 Stiel-Thodos 关联式（Stiel 等，1962）计算得

出。兰纳·琼斯势函数的无量纲碰撞积分 Ω_{ij} 和碰撞直径 σ_{ij} 与成分的临界性质通过以下方程相关联（Reid，1977）。根据查普曼—恩斯科格稀释气体理论（Hirschfelder Curtiss 等，1954），使用 Stiel-Thodos 关联式计算得出：

$$\Omega_{ij}=1.06306\left(T_{ij}^{*}\right)^{-0.1561}+0.193\mathrm{e}^{-0.47635T_{ij}^{*}}+1.03587\mathrm{e}^{-1.52996T_{ij}^{*}}+1.76474\mathrm{e}^{-3.89411T_{ij}^{*}} \quad (3.78)$$

$$\sigma_{ij}=\frac{\sigma_i+\sigma_j}{2} \quad (3.79)$$

$$\sigma_i=\left(2.3551-0.087\omega_i\right)\left(\frac{T_{ci}}{p_{ci}}\right)^{\frac{1}{3}} \quad (3.80)$$

$$T_{ij}^{*}=\frac{k_{\mathrm{B}}}{\varepsilon_{ij}}T \quad (3.81)$$

$$\varepsilon_{ij}=\sqrt{\varepsilon_i\varepsilon_j} \quad (3.82)$$

$$\varepsilon_i=k_{\mathrm{B}}\left(0.7915+0.1963\omega_i\right)T_{ci} \quad (3.83)$$

式中 p_c——临界压力；

T_c——临界温度；

ε——兰纳·琼斯能量。

利用二元扩散系数，可以计算出成分 i 的扩散系数，计算方法如下所示：

$$D_i=\frac{1-y_i}{\sum_{j\neq i}y_j D_{ij}^{-1}} \quad (3.84)$$

同时，根据 Webb 等（2003）的研究，将菲克定律应用于对低渗透多孔介质进行建模的对流流动方程是不合适的。他们指出，对流—扩散流动模型的使用（即扩展的菲克定律模型）应当限制在渗透率为 1000mD 或更高的介质。由于页岩基质的渗透性较低（1～100nD），对流—扩散流动模型不能用于页岩储层。鉴于多孔介质中的分子扩散与黏性和克努森流动的影响，可以采用多尘气模型（Freeman 等，2011；Krishna，1993；Li 等，2017；Mason 等，1983；Yao 等，2013；Zeng 等，2017）。在多尘气模型中，对于具有黏性流动和克努森扩散的页岩气储层中的一个成分，是以克林肯伯格效应表示表观渗透率。多尘气模型由完整的查普曼—恩斯科格气体动力学理论（Sumner，1999）推导得出，具体如下：

$$\sum_{j=1,j\neq i}^{n}\frac{y_i J_j - y_j J_i}{D_{ij}^e}-\frac{J_i}{D_{\mathrm{K},i}}=\frac{p}{RT}\nabla y_i+\left(1+\frac{k_{\mathrm{D}}p}{\mu D_{\mathrm{K},i}}\right)\frac{y_i\nabla p}{RT} \quad (3.85)$$

式中 D_{ij}^e——气体种类 j 中气体种类 i 的有效气体扩散系数；

n——系统中存在的成分数量。

多尘气模型是一组方程，其中包含气体种类的数量。如果只有一个气体种类存在（$n=1$，$y_1=1$），则该方程可简化为

$$J_i = -\left(D_{K,i} + \frac{k_D p}{\mu}\right)\frac{\nabla p}{RT} \tag{3.86}$$

对于二元系统，方程可以同时求解，而超过2个成分的系统则不能显式求解。利用克努森扩散系数和分子扩散系数，通过多尘气模型的方程，计算了流过多孔介质的通量的组成。

第五节 地质力学

页岩油气聚集带的生产动态很大程度上取决于是否存在一个密集且导流性良好的裂缝网络（Cho等，2013）。裂缝网络的导通率对生产过程中的应力和应变变化敏感，这是因为应力腐蚀影响支撑剂的强度、破碎和嵌入岩层（Ghosh等，2014）。因此，在考虑页岩储层中导通性变化时，必须考虑生产过程中的岩石力学效应。在以往的研究中，一些科研人员提出了简单的压力依赖特性来识别导通率的变化，但结果不准确（Cho等，2013；Pedrosa，1986；Raghavan等，2004）。因此，在第六节中，将介绍与流体流动和地质力学计算耦合相关的应力依赖特性。

地质力学有2个关键要素：一是固态物体的内部阻力，其作用是平衡外力的作用效果，以术语"应力"表示；二是外力反应引起的固态物体形状变化和变形，用"应变"表示（Aadnoy等，2011）。一般来说，任何水平表面上的应力都可以直接用这些力的大小σ和横截面面积A来表示和计算：

$$\sigma = \frac{F}{A} \tag{3.87}$$

应力与物体的大小和形状无关。当一个物体受到载荷时，就会发生变形。变形通常是以原始尺寸为基准进行量化，并用应变表示。因此，应变定义为变形尺寸除以未变形尺寸的比值l：

$$\varepsilon = \frac{\Delta l}{l} \tag{3.88}$$

式中 ε——应变；

Δl——变形尺寸；

l——原始未变形尺寸。

材料应变程度取决于所承受应力的大小。对于大多数承受较小应力的材料来说，应变与应力之间呈简单的线性关系（图3.13），如下式所示：

$$\sigma = E\varepsilon \tag{3.89}$$

弹性材料的线性关系被称为胡克定律，E是

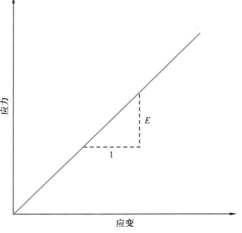

图3.13 应力—应变与线性弹性变形的关系

杨氏模量或弹性模量。E 定义为在轴向张力作用下且侧向不受限制的杆件中，张力与伸长的比值。模量越高，产生相同量的应变所需的应力就越大。

一般来说，材料倾向于在垂直于压缩方向发生膨胀；相反，如果材料受到拉伸，则通常会倾向于向横向拉伸的方向收缩。泊松比是这种现象的指标，定义为横向收缩与纵向伸长之间的比值。泊松比 v 表示为

$$v = \frac{\varepsilon_y}{\varepsilon_x} \tag{3.90}$$

式中　ε_x——轴向应变；

　　　ε_y——横向应变。

大多数材料的泊松比值在 0~0.5 之间。在小应变下发生弹性变形的完全不可压缩材料的泊松比正好为 0.5。杨氏模量和泊松比是地质力学模型中后续计算的重要基本材料特性。

Tran 等（2005a）提出了可变形多孔介质的基本方程。他们假设了均质、各向同性和对称的岩石材料，与整体相比，应变量非常小。3 个空间尺度上的力平衡方程如下所示：

$$\nabla \cdot \boldsymbol{\sigma} - \rho_r \boldsymbol{B} = 0 \tag{3.91}$$

式中　$\boldsymbol{\sigma}$——应力张量；

　　　$\boldsymbol{B}$——考虑重力的单位质量力。

设 $\boldsymbol{u}$ 为连接基准构型中特定粒子的位置与变形构型中的新位置的位移向量。位移向量 $\boldsymbol{u}$ 的梯度可以分解为

$$\nabla \boldsymbol{u} = \frac{1}{2}\left[\nabla \boldsymbol{u} + (\nabla \boldsymbol{u})^T\right] + \frac{1}{2}\left[\nabla \boldsymbol{u} - (\nabla \boldsymbol{u})^T\right] \tag{3.92}$$

式中　T——基质转换。

在式（3.92）的右侧，第 1 项是一个对称矩阵，等同于应变张量 ε，它是改变物体内长度或形状变化的结果。

第 2 项是一个等同于旋转张量 $\boldsymbol{R}$ 的反对称矩阵，是刚性体移动的结果，如下所示（Davis 等，1996）：

$$\varepsilon = \frac{1}{2}\left[\nabla \boldsymbol{u} + (\nabla \boldsymbol{u})^T\right] \tag{3.93}$$

$$\boldsymbol{R} = \frac{1}{2}\left[\nabla \boldsymbol{u} - (\nabla \boldsymbol{u})^T\right] \tag{3.94}$$

在式（3.91）中给出的应力 σ 是总应力张量。然而，在多孔介质中，有效应力张量 σ' 是总应力的组成部分，会影响固体岩石颗粒的强度（Terzaghi，1943）。总应力和有效应力通过 Biot 等（1957）给出的方程进行关联：

$$\sigma = \sigma' + \alpha p \boldsymbol{I} \tag{3.95}$$

式中　$\boldsymbol{I}$——标识矩阵和参数；

　　　α——毕渥数，数值在孔隙率和 1 之间。

在未固结岩石或软岩石中，α 接近 1。总应力、有效应力与孔隙压力之间的关系如图 3.14 所示。

应力、应变和温度之间的关系是岩石力学过程的关键。对于热多孔介质，单个维数的线性关系如下所示：

$$\sigma' = E(\varepsilon - \beta_r \Delta T) \tag{3.96}$$

式中　β_r——实心岩石的线性热膨胀系数。

对于多个维度，一般的本构关联式为

$$\sigma' = C : \varepsilon - \eta \Delta T I \tag{3.97}$$

式中　C——切向硬度张量（相当于一维线性情况下的杨氏模量）。

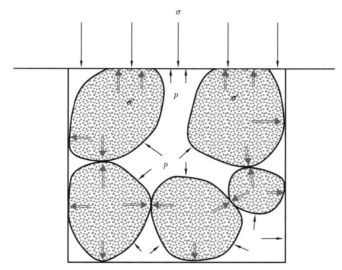

图 3.14　总应力、有效应力与孔隙压力之间的关系（据 Tran D. 等，2005a）

对于三维和平面应变 $\eta = \dfrac{E\beta_r}{(1-2\nu)}$，且对于平面应力，$\eta = \dfrac{E\beta_r}{(1-\nu)}$。将式（3.93）、式（3.95）和式（3.97）代入力平衡方程，得到位移方程：

$$\nabla \cdot \left[C : \frac{1}{2}\left(\nabla u + (\nabla u)^T\right) \right] + \nabla \cdot \left[(\alpha p - \eta \Delta T) I \right] = \rho_r B \tag{3.98}$$

为了建立考虑岩石力学变形的精确页岩储层生产模型，应耦合两组方程，即多孔介质中流体流动方程和固体变形方程。流体流动方程（包含质量守恒方程、达西定律和流体状态方程）如下所示：

$$\frac{\partial}{\partial t}(\phi \rho) - \nabla \cdot \left[\rho \frac{k}{\mu}(\nabla p - \rho_f b) \right] = Q_f \tag{3.99}$$

式中　k——绝对渗透率张量；
　　　b——每单位质量流体的体积力；
　　　Q_f——流体在源或汇位置的流量。

文献中提出了几种岩石力学与储层流体流动的耦合方法：完全耦合、迭代耦合和显式耦合方法（Samier，2003；Tran 等，2004，2005a，2005b）。完全耦合方法是最紧密的耦合方式，原因是储层压力、温度和变形可以同时求解。这种解法是可靠的，可以作为其他耦合方法的基准。然而，这种耦合并没有广泛应用于大规模模拟和非线性问题，其求解过程非常耗时，原因是其需要同时求解多个流动变量（压力、饱和度、组分和温度）和岩石力学变量（位移、应力和应变）。迭代耦合方法比完全耦合方法的紧密度要差，其岩石力学计算不是与储层流量计算同时进行的，而是滞后一步。在迭代耦合中，储层模拟器和岩石力学模块中计算出的信息来回交换，因此，储层流量受到岩石力学响应的影响。本书将显式耦合方法视为迭代耦合方法的一种特例，即来自储层模拟器的信息被发送到岩石力学模块，但岩石力学模块中的计算结果不会反馈给储层模拟器。在这种情况下，储层流量不会受到岩石力学模块计算出的岩石力学响应的影响。

由于计算精度和效率的考虑，迭代耦合方法得到了广泛的应用。给定时间步长下的压力 p 可以通过式（3.99）得出，然后将其用于位移方程，可以得到位移向量 $\boldsymbol{u}$。在确定了位移 $\boldsymbol{u}$ 后，可以计算出应变张量和应力张量。岩石力学和流体流动之间的联系可以用以下的孔隙度公式来表示，公式中，该孔隙度表示为压力、温度和总平均应力的函数（Tran 等，2002，2009，2010）：

$$\phi_{n+1} = \phi_n + (c_0 + c_2 a_1)(p - p^n) + (c_1 + c_2 a_2)(T - T^n) \quad (3.100)$$

其中：

$$c_0 = \frac{1}{V_{b,i}} \left(\frac{dV_p}{dp} + V_b \alpha c_b \frac{d\sigma_m}{dp} - V_p \beta \frac{dT}{dp} \right) \quad (3.101)$$

$$c_1 = \frac{V_p}{V_{b,i}} \beta_r \quad (3.102)$$

$$c_2 = -\frac{V_b}{V_{b,i}} \alpha c_b \quad (3.103)$$

$$a_1 = \Gamma \left[\frac{2}{9} \frac{E}{(1-\nu)} \alpha c_b \right] \quad (3.104)$$

$$a_2 = \Gamma \left[\frac{2}{9} \frac{E}{(1-\nu)} \beta \right] \quad (3.105)$$

式中　V_b——总体积；

V_p——孔隙体积；

c_b——体积可压缩性；

σ_m——平均总应力；

β——体积热膨胀系数；

i——初始状态；

ϕ——式（3.99）在流体流动和变形方程之间的耦合迭代循环中的每个时间步长进行校准。

将储层流体流动模型与岩石力学模型进行耦合，然后利用应力相关的关联式来考虑孔隙度和渗透率的变化。Dong 等（2010）提供了测量关于有效围限压力的孔隙度和渗透率的实验结果。图 3.15 显示利用指数和幂律关联式，对砂岩和页岩岩心实测孔隙度和渗透率进行曲线拟合的结果。他们使用指数关联式和幂律关联式来匹配实验数据，如下所示：

$$\phi = \phi_i \mathrm{e}^{-a(\sigma' - \sigma'_i)} \quad (3.106)$$

$$k = k_i \mathrm{e}^{-b(\sigma' - \sigma'_i)} \quad (3.107)$$

$$\phi = \phi_i \left(\frac{\sigma'}{\sigma'_i} \right)^{-c} \quad (3.108)$$

$$k = k_i \left(\frac{\sigma'}{\sigma'_i} \right)^{-d} \quad (3.109)$$

式中 a、b、c、d——实验系数。

在页岩岩心的孔隙度和渗透率上采用曲线拟合技术，确定了这些参数。孔隙度和渗透率由岩石力学模拟器产生，并传递给流体流动模拟器。

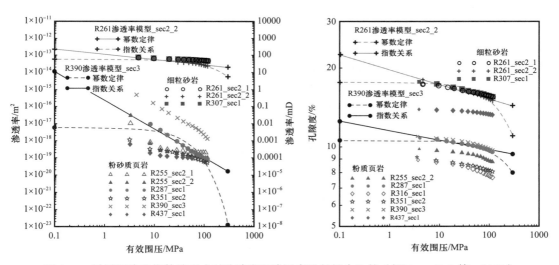

图 3.15 采用幂律和指数关系式对孔隙度和渗透率进行拟合比较（据 Dong J. J. 等，2010）

第六节 纳米孔内的相行为

页岩基质的渗透率极低、孔隙较小，通常在纳达西（nD）级和纳米（nm）级（Ambrose，2011；Curtis 等，2010；Nelson，2009；Sigal，2015；Sondergeld 等，2010）。由

于孔隙较小，毛细管压力明显较高，改变了流体在纳米孔限域空间中的相行为。这种现象是由于纳米级孔隙和高毛细管压力的结果，称为毛细管凝聚或限域效应，即在纳米级孔隙内的蒸汽凝聚。尽管毛细管凝聚对页岩储层存在影响，但目前大多数页岩储层模拟研究只考虑了孔隙壁和孔隙体中的吸附气体和游离气体。Chen等（2013）原则上估计，毛细管凝聚可能使页岩储层的储量增加3～6倍，纳米级孔隙中流体的相行为不同，因此需要在页岩储层中使用更可靠的模型。

流体物理行为在限域空间中与在非限域空间不同（Barsotti等，2016）。在纳米级多孔介质中，应考虑分子尺寸和平均自由程的影响，以分析与常规流体流动的偏差。在纳米级孔隙介质中，分子之间的距离很短，分子间的相互作用力很强。因此，纳米级孔隙中的相行为受到流体—孔壁相互作用以及流体—流体相互作用的影响。依据Barsotti等（2016）的研究，毛细管和吸附力会改变相界面（Alharthy等，2013；Casanova等，2008；Du等，2012；Evans等，1986；Gelb等，1999；Gubbins等，2014；Jin等，2013；Nojabaei等，2013；Russo等，2012；Teklu等，2014；Thommes等，1994，2014；Yun，2002；Zhang等，2013）、相组成（Gelb等，1999；Gubbins等，2014；Radhakrishnan等，2002；Zhang等，2013）、界面张力（Du等，2012）、密度（Cole等，2013；Gelb等，1999；Jin等，2013；Keller等，2005；Nojabaei等，2013；Thommes等，1994）、黏度（Alharthy等，2013；Du等，2012）和饱和压力（Chen等，2013；Evans等，1986；Mitropoulos，2008；Naumov等，2008；Nojabaei等，2013）。了解限域流体的物理行为变化对提高各学科的洞察力具有重要意义（Gelb等，1999；Thommes等，2014；Ye，2016），例如化学性质（Long等，2013）、地球化学特征（Cole等，2013）、地球物理特征（Gelb等，1999）、纳米材料（Gelb等，1999）、电池设计（Thommes等，2014）、二氧化碳封存（Belmabkhout等，2009；Yun等，2002）、药物输送（Thommes等，2014）、提高煤层气采收率（Gor等，2013）、润滑和黏附（Gelb等，1999）、材料特征（Kruk等，1997，1999，2000；Ravikovitch等，2001；Tanchoux等，2004）、微米/纳米机电系统设计、污染控制领域（Gelb等，1999；Mower，2005；Shim等，2006；Yu等，2002）、分离技术（Thommes等，2014）及页岩和致密地层中的流体流动分析。

在非限域空间中，如果气体压力等于或大于其露点压力，气体就会凝聚成液体。然而，在纳米孔隙等限域空间中，气体在低于其露点压力下就可以凝聚成液体（Chen等，2012；Gelb等，1999；Li等，2013；de Keizer等，1991）。在多孔介质中，如果压力满足以下开尔文方程，半径为r的孔隙中的气体就可以凝聚成液体（Thomson，1872）：

$$p \geqslant p_d \exp\left(\frac{-2\gamma V_L \cos\theta_c}{rRT}\right) \tag{3.110}$$

式中　p_d——露点压力；

　　　γ——界面张力（IFT）；

　　　V_L——液体摩尔体积；

　　　θ_c——接触角。

依据式（3.110），可以导出以下临界孔隙半径方程：

$$r_{\text{c}} = \frac{-2\gamma V_{\text{L}} \cos\theta_{\text{c}}}{RT \ln\left(\dfrac{p}{p_{\text{d}}}\right)} \quad (3.111)$$

在半径小于临界半径的孔隙中，气体冷凝成液体；而在较大的孔隙中，气体仍然保持为气体状态。由于凝结相的存在会阻碍气体流动，从而降低储层的渗透率。如果孔隙直径发生变化，气相和油相可以沿孔隙共存。当两相共存时，纳米孔隙的限域可能会导致两相共存时出现不同的条件。与常规储层相比，页岩储层纳米孔隙中的流体运移非常复杂，至今尚不清楚毛细管凝聚对页岩储层产量的影响，因此需要可靠的模型来获得更准确的估算值。

Singh 等（2009）和 Travalloni 等（2010）量化了限域孔隙中临界压力的变化。Hamada 等（2007）采用巨正则蒙特卡罗模拟方法，模拟了限域 Lennard-Jones（LJ）颗粒在狭缝和圆柱形孔隙中的热力学行为。他们得出的结论是在纳米级多孔介质中，流体和孔隙表面之间的热力学性质和流体相行为发生了改变。Zarragoicoechea 等（2004）采用范德华模型对临界温度的降低进行了模拟，其模型与 Morishige 等（1997）获得的实验数据相吻合。Zarragoicoechea 等（2004）提出相对临界温度偏移，与 LJ 碰撞直径与孔喉半径比值呈二次方关联 $\dfrac{\sigma_{\text{LJ}}}{r_{\text{p}}}$ ［式（3.112）］，式中，碰撞直径 σ_{LJ} 是根据体相临界性质使用式（3.114）计算的（Bird 等，2007）。临界压力的变化与基于范德华理论的临界温度变化类似，都与 $\dfrac{\sigma_{\text{LJ}}}{r_{\text{p}}}$ 的值有关 ［式（3.113）］。

$$\Delta T_{\text{c}}^* = \frac{T_{\text{cb}} - T_{\text{cp}}}{T_{\text{cb}}} = 0.9409 \frac{\sigma_{\text{LJ}}}{r_{\text{p}}} - 0.2415 \left(\frac{\sigma_{\text{LJ}}}{r_{\text{p}}}\right)^2 \quad (3.112)$$

$$\Delta p_{\text{c}}^* = \frac{p_{\text{cb}} - p_{\text{cp}}}{p_{\text{cb}}} = 0.9409 \frac{\sigma_{\text{LJ}}}{r_{\text{p}}} - 0.2415 \left(\frac{\sigma_{\text{LJ}}}{r_{\text{p}}}\right)^2 \quad (3.113)$$

$$\sigma_{\text{LJ}} = 0.244 \sqrt[3]{\frac{T_{\text{cb}}}{p_{\text{cb}}}} \quad (3.114)$$

式中　ΔT_{c}^*——相对临界温度变化；

T_{cb}——总临界温度；

T_{cp}——孔隙临界温度；

r_{p}——孔喉半径；

Δp_{c}^*——相对临界压力变化；

p_{cb}——总临界压力；

p_{cp}——孔隙临界压力。

图 3.16 展示了依赖于限域效应的相行为变化。

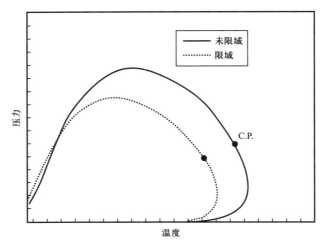

图 3.16 限域孔隙和非限域孔隙下相包线的一般形式（据 Barsotti E. 等，2016）

第四章　页岩储层中的油气运移模拟

页岩油藏建模主要关注重点是水力压裂产生的裂缝，但还有各种运移机制也应予以充分考虑。本章介绍了页岩储层模拟的综合方法和流程。利用双孔隙度和双渗透率模型可以构建基质—裂缝系统，水力压裂裂缝可以通过带有对数间距和局部细化网格的平面模型与基于微地震数据的复杂模型来生成。页岩储层模型利用福希海默方程考虑非达西流；利用朗缪尔等温线和BET等温线考虑解吸作用；利用指数相关性和幂律相关性考虑岩石力学因素；利用临界点位移法考虑纳米孔隙内的相行为位移。通过这些机制和总体建模过程，介绍了页岩油气藏现场实例。

第一节　页岩储层的数值模拟

一、天然裂缝系统的建模

自页岩热潮以来，研究人员对页岩储层的数值模型进行了大量研究工作（Anderson等，2010；Cipolla等，2010；Kam等，2015；Novlesky等，2011；Rubin，2010；Yu，2015）。为了对页岩储层进行精确建模，需要充分了解几种得出页岩储层特征的数值方法。基质—裂缝系统是页岩储层的基本特征之一，由于页岩基质的渗透率较低，天然裂缝系统对页岩储层的开发起到重要作用。因此，基质—裂缝系统的建模对于预测和提高油气产量具有重要意义。由于第二章所述基质和裂缝有着不同流体储集特征和导流特征，基质—裂缝系统是采用双孔隙度模型计算的。

Barenblatt等（1960）和Warren等（1963）引入了双孔隙度介质的概念，即将基质和裂缝视为一个不同多孔介质系统。在这两篇论文中，都假设基质和裂缝之间的单位体积转移是在准稳态条件下发生的（Lim等，1995）。Kazemi等（1976）提出了用双孔隙度法来模拟天然裂缝储层的流动方程，假设裂缝在3个方向上正交，并作为基质元素的边界。如果裂缝是储层流体流动的主要通路，则来自基质块的流体通常流入裂缝空间，而裂缝将流体带到井筒。

以下是双孔隙度法模拟天然裂缝储层模型的控制流动方程（CMG，2017b）。双孔隙度模型的流动方程是对Collins等（1992）描述的单孔隙度模型的扩展。基质块中烃类分量流动方程 [式（4.1）]、水分量流动方程 [式（4.2）] 和体积浓度方程 [式（4.3）] 如下所示：

$$-\tau_{iomf} - \tau_{igmf} - \frac{V}{\Delta t}\left(N_i^{n+1} - N_i^n\right)_m = 0, \quad i = 1, \cdots, n_c \qquad (4.1)$$

$$-\tau_{\mathrm{wmf}} - \frac{V}{\Delta t}\left(N_{n_c+1}^{n+1} - N_{n_c+1}^{n}\right)_{\mathrm{m}} = 0 \tag{4.2}$$

$$\sum_{i=1}^{n_c+1} N_{im}^{n+1} - \phi_{\mathrm{m}}^{n+1}\left(\rho_o S_o + \rho_g S_g + \rho_w S_w\right)_{\mathrm{m}}^{n+1} = 0 \tag{4.3}$$

式中 τ_{iomf}——分量 i 油相的基质—裂缝转移；

τ_{igmf}——分量 i 气相的基质—裂缝转移；

V——网格块体积；

Δt——时间步长；

N_i——分量 i 的单位网格块体积的摩尔数；

τ_{wmf}——水的基质—裂缝转移；

N_{n_c+1}——每单位网格块体积水的摩尔数；

i——烃类组分，$i=1,\cdots,n_c$；

n_c+1——水组分；

n、$n+1$——旧的时间水平和当前的时间水平；

m、f——对应基质和裂缝。

体积一致性方程是单位储层体积的相体积之和除以孔隙度，将每个网格块中的压力和摩尔密度联系起来（Collins 等，1992）。体积一致性方程只涉及存在疑问且在 $n+1$ 时间水平上的网格块内的变量值。以下为双孔隙度方法在裂缝块中的烃类流动分量方程[式（4.4）]、水流动分量方程[式（4.5）]和体积一致性方程[式（4.6）]：

$$\Delta T_{\mathrm{of}}^{s} y_{iof}^{s}\left(\Delta p^{n+1} - \gamma_o^s \Delta D\right)_{\mathrm{f}} + \Delta T_{\mathrm{gf}}^{s} y_{igf}^{s}\left(\Delta p^{n+1} + \Delta p_{\mathrm{cog}}^{s} - \gamma_g^s \Delta D\right)_{\mathrm{f}} \\ + q_i^{n+1} + \tau_{iomf} + \tau_{igmf} - \frac{V}{\Delta t}\left(N_i^{n+1} - N_i^n\right)_{\mathrm{f}} = 0, i=1,\cdots,n_c \tag{4.4}$$

$$\Delta T_{\mathrm{wf}}^{s}\left(\Delta p^{n+1} - \Delta p_{\mathrm{cwo}}^{s} - \gamma_w^s \Delta D\right)_{\mathrm{f}} + q_w^{n+1} + \tau_{\mathrm{wmf}} - \frac{V}{\Delta t}\left(N_{n_c+1}^{n+1} - N_{n_c+1}^{n}\right)_{\mathrm{f}} = 0 \tag{4.5}$$

$$\sum_{i=1}^{n_c+1} N_{if}^{n+1} - \phi_{\mathrm{f}}^{n+1}\left(\rho_o S_o + \rho_g S_g + \rho_w S_w\right)_{\mathrm{f}}^{n+1} = 0 \tag{4.6}$$

式中 T_j—— j 相位透射率；

y_{ij}—— j 相中分量 i 的摩尔分数；

γ_j—— j 相的梯度；

D——深度；

p_{cog}——油—气毛细管压力；

p_{cwo}——水—油毛细管压力；

j——油、气和水的相，分别用 o、g 和 w 表示；

s——对于显式块，s 是指 n；对于隐式块，s 是指 $n+1$。

如前所述，在 Warren 等（1963）提出的双孔隙度模型中，裂缝是连通到井筒的唯一途径。双孔隙度系统的基质不直接连通到井筒上，基质中的流体通过裂缝运移到井中。双渗透率系统类似于双孔隙度系统，只是双渗透率系统的基质块比双孔隙度系统的基质块多一个流体流动通道。而双渗透率系统假设基质和裂缝都直接连通到井筒上，裂缝和基质中的流体都可以流到井筒中，同时可以在基质和裂缝之间流动。双渗透率模型的裂缝流动方程与双孔隙度模型的裂缝流动方程相同，以下各个方程描述了对于双渗透率系统基质块中的烃类分量流动［式（4.7）］和水分量流动［式（4.8）］：

$$\Delta T_{om}^s y_{iom}^s \left(\Delta p^{n+1} - \gamma_o^s \Delta D\right)_m + \Delta T_{gm}^s y_{igm}^s \left(\Delta p^{n+1} + \Delta p_{cog}^s - \gamma_g^s \Delta D\right)_m \\ - \tau_{iomf} - \tau_{igmf} - \frac{V}{\Delta t}\left(N_i^{n+1} - N_i^n\right)_m = 0, i = 1, \cdots, n_c \quad (4.7)$$

$$\Delta T_{wm}^s \left(\Delta p^{n+1} - \Delta p_{cwo}^s - \gamma_w^s \Delta D\right)_m - \tau_{wmf} - \frac{V}{\Delta t}\left(N_{n_c+1}^{n+1} - N_{n_c+1}^n\right)_m = 0 \quad (4.8)$$

在上述公式中，可以采用几种方法计算基质—裂缝运移，具体取决于物理现象的考虑因素。根据Kazemi等（1976）的研究，基质—裂缝运移以如下方程表示：

$$\tau_{jmf} = \sigma V \frac{k_j \rho_j}{\mu_j}(p_{jm} - p_{jf}), j = o, g, w \quad (4.9)$$

式中 σ——运移系数或形状因子。

在这个运移方程中，假设基质块和裂缝块都处在相同深度，并且不考虑重力项。CMG（2017b）提出了包括重力效应在内的基质—裂缝运移方程，假设油、气和水相完全实现重力分离：

$$\tau_{omf} = \sigma V \frac{k_o \rho_o}{\mu_o}(p_{om} - p_{of}) \quad (4.10)$$

$$\tau_{gmf} = \sigma V \frac{k_g \rho_g}{\mu_g}\left[p_{gm} - p_{gf} + \left(\frac{S_g}{1-S_{org}-S_{wr}} - \frac{1}{2}\right)_m \Delta \gamma_{ogm} h - \left(\frac{S_g}{1-S_{org}-S_{wr}} - \frac{1}{2}\right)_f \Delta \gamma_{ogf} h\right] \quad (4.11)$$

$$\tau_{wmf} = \sigma V \frac{k_w \rho_w}{\mu_w}\left[p_{wm} - p_{wf} + \left(\frac{1}{2} - \frac{S_w - S_{wr}}{1-S_{orw}-S_{wr}}\right)_m \Delta \gamma_{wom} h + \left(\frac{1}{2} - \frac{S_w - S_{wr}}{1-S_{orw}-S_{wr}}\right)_f \Delta \gamma_{wof} h\right] \quad (4.12)$$

式中 $\Delta \gamma_{og}$——油质量密度—气体质量密度的差乘以g；

$\Delta \gamma_{wo}$——水质量密度—油质量密度的差乘以g；

h——在重力方向上的基质元素高度。

在式（4.10）—式（4.12）中，应首先分别计算毛细管压力和重力效应，然后求和。根据上述方程，考虑使用一个更严格的拟毛细管压力方法。利用瞬时垂直重力—毛细管压力平衡的假设条件，可以得到拟毛细管压力，具体如下所示：

$$\int_{\bar{p}_{cog}-\gamma_{og}h/2}^{\bar{p}_{cog}+\gamma_{og}h/2} S_g dp_{cog} - \gamma_{og} h S_g = 0 \quad (4.13)$$

$$\int_{\tilde{p}_{\text{cwo}}-\gamma_{\text{wo}}h/2}^{\tilde{p}_{\text{cwo}}+\gamma_{\text{wo}}h/2} S_{\text{w}} dp_{\text{cwo}} - \gamma_{\text{wo}} h S_{\text{w}} = 0 \tag{4.14}$$

式中 $\tilde{p}_{\text{cog}}$——拟油—气毛细管压力；

$\tilde{p}_{\text{cow}}$——拟水—油毛细管压力。

拟毛细管压力同时考虑重力效应和毛细管效应。利用这些拟毛细管压力，可以推导出基质—裂缝运移，具体如下所示：

$$\tau_{\text{omf}} = \sigma V \frac{k_{\text{o}} \rho_{\text{o}}}{\mu_{\text{o}}} (p_{\text{om}} - p_{\text{of}}) \tag{4.15}$$

$$\tau_{\text{gmf}} = \sigma V \frac{k_{\text{g}} \rho_{\text{g}}}{\mu_{\text{g}}} (p_{\text{gm}} + \tilde{p}_{\text{cog,m}} - p_{\text{gf}} - \tilde{p}_{\text{cog,f}}) \tag{4.16}$$

$$\tau_{\text{wmf}} = \sigma V \frac{k_{\text{w}} \rho_{\text{w}}}{\mu_{\text{w}}} (p_{\text{wm}} + \tilde{p}_{\text{cwo,m}} - p_{\text{wf}} - \tilde{p}_{\text{cwo,f}}) \tag{4.17}$$

如式（4.13）和式（4.14）所示，拟毛细管压力是流体饱和度和密度与毛细管压力之间的函数。拟毛细管压力随流体饱和度和密度的变化而出现动态改变。此外，前文提到的全部运移方程都假设所有相运移都发生在基质元素的整个表面上。如果基质元素部分浸入流体中，应推导出更先进的方程。式（4.18）—式（4.20）是通过对式（4.15）—式（4.17）的修正得到的，已考虑部分浸没基质，具体如下所示：

$$\tau_{\text{omf}} = \sigma V \frac{k_{\text{o}} \rho_{\text{o}}}{\mu_{\text{o}}} (p_{\text{om}} - p_{\text{of}}) \tag{4.18}$$

$$\tau_{\text{gmf}} = \sigma V \frac{k_{\text{g}} \rho_{\text{g}}}{\mu_{\text{g}}} \left\{ (p_{\text{gm}} - p_{\text{gf}}) + \left[S_{\text{gm}} + \frac{\sigma_z}{\sigma} \left(\frac{1}{2} - S_{\text{gm}} \right) \right] (\tilde{p}_{\text{cog,m}} - \tilde{p}_{\text{cog,f}}) \right\} \tag{4.19}$$

$$\tau_{\text{wmf}} = \sigma V \frac{k_{\text{w}} \rho_{\text{w}}}{\mu_{\text{w}}} \left\{ (p_{\text{wm}} - p_{\text{wf}}) - (p_{\text{cwo,m}} - p_{\text{cwo,f}}) - \left(\frac{1}{2} \frac{\sigma_z}{\sigma} \right) \left[(\tilde{p}_{\text{cwo,m}} - \tilde{p}_{\text{cwo,f}}) - (p_{\text{cwo,m}} - p_{\text{cwo,f}}) \right] \right\} \tag{4.20}$$

在上述公式中，形状因子 σ 的计算是非常重要的。根据 Warren 等（1963）的研究，形状因子描述了基质和裂缝区域之间的连通性，反映了基质元素的几何形状，并主导了2个多孔区域之间的流动。形状因子具有面积倒数的量纲。不同的研究人员提供了很多形状因子公式，彼此又各不相同，因此人们会困惑到底哪种方法是正确的，应该使用哪种方法。Lim 等（1995）和 Mora 等（2009）对现有的形状因子方程进行了汇总。Warren 等（1963）提出的形状因子假设了裂缝具有均匀间距，并允许裂缝宽度发生变化，以满足各向异性的条件。Warren 等得出了以下公式：

$$\sigma = \frac{4n(n+2)}{L^2} \tag{4.21}$$

式中 L——裂缝之间的间距；

n——第1、第2或第3组平行裂缝，并分别与不同流动几何形状相关联，如板状、柱状和立方体状。

代入 n 值，假设裂缝间距相等，$L_x=L_y=L_z=L$，对于第1、第2和第3组正向平行裂缝，σ 分别等于 $\frac{12}{L^2}$、$\frac{32}{L^2}$ 和 $\frac{60}{L^2}$。Kazemi 等（1976）提出了 σ 的最广泛使用公式，是用有限差分方法为裂缝储层的三维数值模拟器建立的：

$$\sigma = 4\left(\frac{1}{L_x^2} + \frac{1}{L_y^2} + \frac{1}{L_z^2}\right) \tag{4.22}$$

在后文给出的页岩储层模型中，双孔隙度模型和双渗透率模型使用式（4.22）。根据这个公式，对于等间距第1、第2、第3组裂缝，σ 的值为分别为 $\frac{4}{L^2}$、$\frac{8}{L^2}$ 和 $\frac{12}{L^2}$。

Coats（1989）推导出了准稳态条件下的 σ 值。对于第1、第2和第3组正向平行裂缝，σ 值分别等于 $\frac{12}{L^2}$、$\frac{28.45}{L^2}$ 和 $\frac{49.58}{L^2}$。Zimmerman 等（1993）提出了一种利用恒定的压力边界条件，使用不同流动几何形状，确定 σ 值的不同方法。Lim 等（1995）提出了排入恒定裂缝压力的压力扩散解析解。根据 Lim 等（1995）的研究结果，推导出形状因子的一个通用式（4.23）：

$$\sigma = \pi^2 \left(\frac{1}{L_x^2} + \frac{1}{L_y^2} + \frac{1}{L_z^2}\right) \tag{4.23}$$

对于等间距的第1、第2和第3组裂缝，σ 值分别等于 $\frac{3\pi^2}{L^2}$、$\frac{\pi^2}{L^2}$ 和 $\frac{2\pi^2}{L^2}$。不同来源的结果放在一起比较时，σ 值呈现明显的真实差异。表4.1总结了裂缝等间距时不同流动几何形状的形状因子数值（Wora 等，2009）。

表4.1 按作者给出的不同流动几何形状的形状因子数值

作者	板形	柱形	立方体形
Warren 和 Root（1963）	$\frac{12}{L^2}$	$\frac{32}{L^2}$	$\frac{60}{L^2}$
Kazemi 等（1976）	$\frac{4}{L^2}$	$\frac{8}{L^2}$	$\frac{12}{L^2}$
Lim 和 Aziz（1995）	$\frac{\pi^2}{L^2}$	$\frac{2\pi^2}{L^2}$	$\frac{3\pi^2}{L^2}$

二、水力压裂裂缝的建模

油田实际情况中，决定页岩储层是否能够成功开发的最关键因素是水力压裂。页岩热潮即始于水力压裂技术的成功应用。水力压裂是指以高注入速率将流体泵入井筒，以破碎致密地层的工艺。在注入过程中，地层中的流动阻力增加，井筒内的压力增加到一个称为破裂压力的数值，即原位压应力和地层强度的总和。一旦地层破裂，就会形成裂缝，注入的流体就会流过裂缝。人为射孔在油藏内产生垂直裂缝，并通过呈180°分开的两翼向储层内延伸。根据储层的特点，特别是在天然裂缝或裂解地层中，可能会产生多个裂缝，随着分支数量的增加，两翼裂缝逐渐远离注入点并呈树状演化。泵送流体注入裂缝达到目标长度时，开始注入含支撑剂的流体。支撑剂的目的是在泵送操作停止后使裂缝表面保持分离。在泵送停止后，由于裂缝中的压力低于试图关闭裂缝的原位压应力，应注入支撑剂。根据储层条件，有多种类型的支撑剂可用来保持裂缝张开。页岩储层开发效果和经济可行性取决于水力压裂技术应用的成败。因此，水力压裂裂缝的精确模拟具有重要意义，多年来一直受到业界和学术界的广泛关注。

  水力压裂井的生产或注入动态不仅在裂缝设计、评价和单井分析中很重要，在油田储层建模中也同样重要。有几种分析和数值方法可以用于研究裂缝对井动态的影响（Aybar，2014；Ji等，2004）。水力压裂储层的经典解析模型说明了水力压裂处理对产量的影响，这些解析模型还能够对储层和水力压裂裂缝参数进行实际应用的敏感性分析。产能指标比较是这些解析模型的基础。McGuire等（1960）基于储层产能指标的对比，提出了一个基本类型曲线，比较了水力压裂处理前后产能指标的变化情况。人们可以简单地将水力压裂裂缝、井筒和储层参数输入其典型曲线中，观察水力压裂处理后产能指标的变化。此外，根据基本类型曲线的分析可以得出一些一般性的结论，如最佳裂缝导流能力、特定情况下的理论最大生产能力指标增产量等。Prats（1961）建立了一个简易方程，来计算圆柱形泄油区域内压裂井的稳态生产力指标，假设条件为流体流动不可压缩、裂缝导流能力无限和支撑裂缝高度等于地层高度等。Prats（1961）将水力压裂裂缝视为扩大了的井径，即井的有效半径等于无限导流裂缝半长的一半。Prats（1961）进一步假设在水力压裂裂缝中不存在压降，这项工作的主要贡献是裂缝长度可以从产量下降速率中计算出来。Tinsley等（1969）讨论了水力压裂裂缝高度对开采速率的影响。与其他假设水力压裂裂缝和地层高度相等的模型相比，这个模型适用于水力压裂裂缝和地层高度不相等的储层。Gringarten等（1974）建立了一种分析方法，用来分析在试井过程中裂缝对瞬态压力分布的影响，他们记录了一个具有无限导流裂缝的井的非稳态压力分布，报告了3种主要的流态：在双对数坐标图中具有半斜率的早期线性流态、给出半对数直线响应的拟径流态及具有单位斜率线的拟稳态流态。Gringarten等（1975）提出了具有无量纲变量的压裂井行为型曲线，他们还提出了一个基于无量纲井筒压力和地层渗透率的裂缝长度计算方程。Cinco等（1978）研究了具有单条有限导流裂缝的井的瞬态行为，他们给出了类型曲线，这些类型曲线经过特定的无量纲时间后生效，显示了有限裂缝导流模型和Gringarten等（1974）提出的无限裂缝导流模型之间的差异。Cinco-Ley等（1978）确定了4种不同的流态：线性流动、双线性流动、地层线性流动和准径向流（图4.1）。Cinco-Ley等（1981）提出了1种双线性流态压裂井进行压力瞬态分析的新方法（图4.1），他们提出的新模型可以检测到井筒储集效应消失的时间。考虑到有限裂缝导流模型，他们还提出了计算有效井筒半径的关联式。这种有效的井筒半径计算是其新典型曲线的基础。此外，还可以利用为双线性流态提供的新型典型曲线来估算储层参数。Tannich等（1985）为采气井研发了一种类似于McGuire-

Sikora 图版（1960）的方法。Bennett 等（1985）和 Camacho-V 等（1987）提出了分层开采的水力压裂井模型。Bennet 等（1985）的研究考虑了相等长度的裂缝，而 Camacho 等（1987）提出的模型适用于长度不等的水力压裂裂缝。他们还指出：如果 2 个不同层互相连通，会对累计产量产生积极的影响。Cinco-Ley 等（1988）概述了他们在有限导流裂缝井中进行的瞬态流动周期的工作。与其他模型相比，他们描述了一种具有水力压裂井的天然裂缝储层。为了表示双孔隙度储层，Cinco-Ley 等（1988）使用了拟稳态（Warren 等，1963）双孔隙度模型和瞬态（de Swaan，1976；Kazemi，1969）双孔隙度模型。Cinco-Ley 等（1988）提出了一个三线性模型，其中包含了基质块、天然裂缝和水力压裂裂缝中的流动状态，同时还提出了流态识别方法，并为每种流态提出了合适的典型曲线。Bale 等（1994）提出了一种简单且实用的方法，用于计算复杂储层/裂缝几何形状的间接垂直裂缝完井的压裂后生产能力。

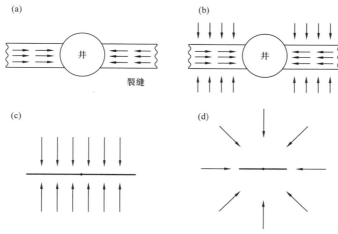

图 4.1　水力压裂储层中的不同流态（据 Nashawi I.S. 等，2007）
（a）裂缝线性流动；（b）双线性流动；（c）地层线性流动；（d）准径向流动

在复杂几何形状和全油田储层模拟中，正确认识水力压裂裂缝对井动态的影响是非常重要的。在全油田储层模拟中，通常用源/汇表示井。Peaceman 方程被广泛用于计算代表源/汇强度的井指标（Peaceman，1978，1983）。对于储层模拟中的压裂井，通过增加井指标、有效井半径或负表皮系数来模拟压裂效果（Cinco-Ley 等，1981；Prats，1961）。这是一种简单的方法，但仅适用于裂缝完全限域在井组块内的情况。Nghiem（1983）和 Geshelin 等（1981）通过在与裂缝连通的组块中引入源项和汇项，模拟了裂缝覆盖多个组块时的无限导流垂直裂缝。在这些模型中，裂缝被按奇异点处理。假设裂缝附近存在椭圆流，进出裂缝的流量是由裂缝压力和裂缝块周围组块的压力计算出来的。在储层数值模型中，要模拟在多个块上延伸的裂缝，最严格的方法是用平面网格块来表示裂缝的实际尺寸。这种方法首次是用在单井模型上（Dowdle 等，1977；Holditch，1979）。然而，所需的网格细化程度太大，即使对于完全隐式模型也存在严重的稳定性限制，而全油田模型的网格大小问题甚至更加严重（Settari 等，1990）。Settari 等（1990）和 Settari 等（1996）在单相模型中模拟压裂井的生产能力时，通过增加含裂缝块的传导率表示裂缝的存在。Al-Kobaisi 等（2006）研究了一种混合型储层模型，将水力压裂裂缝数值模型和储层解析模型组合在一起，目标是消除对水力压裂裂缝流的简化假设。水力压裂裂缝数值模型的优点是可以对形状、宽度、可变导流率等水力压裂裂缝属性进行数值建模。这个储层流动模型仍然是分析型的，并保持其计算工作处于可控状态。Medeiros 等（2006）建立了分层储层内水平井的半解析储层模型，考虑了储层非均质性和局部网格，并对网格边界进行了分析耦合。当所考虑储层是非均质时，他们的半解析模型比解析模型更有优势。Brown 等（2011）和 Ozkan 等（2011）提出了三线性模型，涵盖了进入三个不同的流动区域的流：超出裂缝尖端的区域、两个相邻的水力压裂裂缝之间的区域和水力压裂裂缝区域。他们使用拉普拉斯变换来获得模型的解。众所周知，水力压裂作业在致密地层（如页岩地层）中形成了应力诱导天然裂缝网络，这种天然裂缝带可以用拟稳态模型或瞬态双孔隙度模型在三线性模型中实现。Patzek 等（2013）为非常规储层产量提出了一个简化解。在其研究中，对气体扩散系数方程进行了解析求解，并采用拟压力方法对气体扩散系数方程进行了线性化。

近年来，为了准确预测和评价页岩储层的产量，针对水力压裂裂缝的数值模拟进行了大量研究工作（Cipolla，2009；Cipolla 等，2011；Mayerhofer 等，2006；Yu，2015）。Xu 等（2010）建立了一个用来模拟椭圆裂缝网络的正交线网模型。然而，在正交线网模型中，很难模拟一个非正交裂缝网络。Weng 等（2011）建立了一个非常规裂缝模型，用来预测已存在天然裂缝地层中的复杂裂缝的几何形状，利用自动生成的非结构化网格，来精确模拟复杂裂缝几何形状的产量（Cipolla 等，2011；Mirzaei 等，2012）。然而，这种方法存在一些具有挑战性的实际问题，如模型设置困难和周转时间长（Zhou 等，2013）。为了研究不规则裂缝几何形状对非常规储层井动态的影响，Olorode 等（2013）提出了一种三维 Voronoi 网格生成应用程序，来生成非理想裂缝几何形状。Moinfar 等（2013）基于 Li 等（2008）提出的算法，研发出一个嵌入式离散裂缝模型，以模拟非结构化裂缝几何形状中的流体流动。

水力压裂作业过程中的微地震监测对理解增产效果和裂缝几何形状具有重要作用（Cipolla，2009；Cipolla 等，2011，2012；Mayerhofer 等，2006）。微地震监测表明：增产处理经常产生复杂的裂缝几何形状，特别是在脆性页岩储层中（Cipolla，2009；Cipolla 等，2011，2014；Fisher 等，2002；Maxwell 等，2002；Mayerhofer 等，2006；Warpinski 等，2005）。图 4.2 展示了微地震数据点的平面视图，显示了在水平井中形成的复杂裂缝几何形状。复杂裂缝几何形状受到原位应力和预先存在的天然裂缝的强烈影响（Weng，2015；Zhou 等，2013）。很多研究人员提出将微地震裂缝监测与水力压裂裂缝网络的数值建模结合在一起（Cipolla，2009；Cipolla 等，2011；Mayerhofer 等，2006；Novlesky 等，2011）。尽管很多工作都侧重于建立水力压裂模型来预测复杂的非平面裂缝几何形状（Weng 等，2011；Wu，2012，2013，2014；Xu 等，2013），但由于网格分割问题非常复杂、计算成本昂贵、计算代码的开发极其复杂及微地震数据测量成本高昂等原因，要全面而精确地测量复杂的裂缝几何形状仍然具有挑战性。为了克服这些挑战，Zhou 等（2013）提出了一种半解析模型，以有效处理复杂的裂缝几何形状。然而，半解析模型没有考虑气体滑移、气体扩散、气体解吸、应力诱导裂缝导流能力和非平面裂缝的影响。

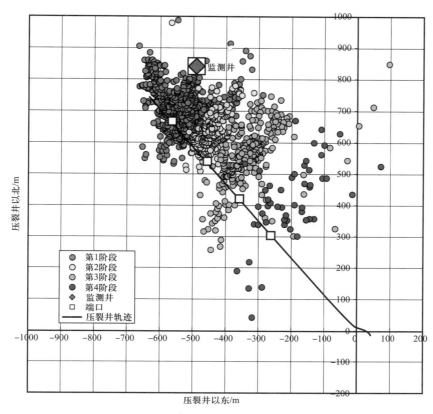

图 4.2　微地震数据点的平面视图（据 Novlesky A. 等，2011）

在大多数页岩储层领域，为了简化起见，2 种理想裂缝几何结构（如平面裂缝和复杂正交裂缝网络）被广泛视为代表水力压裂裂缝几何形状，用来模拟井动态（Aybar 等，2015；Tavassoli 等，2013；Yu 等，2013），如图 4.3 和图 4.4 所示，平面裂缝或双翼裂缝与在中间点含有射孔的井组块相交叉。通常，平面裂缝与水平井正交，且沿井均匀分布。如前所述，在过去，裂缝是通过一个平面网格块，以精确的宽度（0.001ft 左右）建模的。然而，这些模型使用了高度细化的网格，并且需要大量的时间成本，因此存在严重的稳定性限制，特别是在全油田页岩储层模拟中。Rubin（2010）制作了预测性压裂页岩气模拟模型，这种模型易于建立，并在几分钟内就可运行。基于大量模拟工作，新的模型使用粗网格、对数间隔的、局部细化的双渗透率网格来模拟储层改造体积（SRV）内部的流动。局部网格细化（LGR）技术中，采用数值解对小裂缝宽度的水力压裂裂缝进行显式建模，可有效捕捉裂缝附近的瞬态流动行为（Rubin，2010；Yu 等，2014；Yu 等，2014，2015）。对数网格间距表示基质—裂缝界面附近的大压降，降低了对远离界面的块的计算要求。Rubin（2010）提出的预测模型足够小，可以在准确模拟页岩气储层中流动的同时快速运行。局部网格细化（LGR）技术允许使用 2ft 宽的裂缝导管来模拟 0.001ft 宽的裂缝中的非达西流动。

根据若干文献，在水力压裂形成复杂裂缝网络的页岩储层中，平面裂缝的概念不足以描述压裂效果（Cipolla 等，2010；Mayerhofer 等，2010；Novlesky 等，2011）。因此，引入了储层改造体积（SRV）的概念，即所创建的裂缝网络大小，并利用微地震数据对储层改造体积（SRV）进行了计算和建模。Mayerhofer 等（2006）和 Cipolla（2009）讨论了在储层改造体积（SRV）中创建的显式裂缝网络数值模拟，以模拟压裂页岩储层内的流体物理特性。由于微地震数据测量成本高、计算成本也高，将复杂裂缝网络模型应用到页岩领域中仍然很难。近年来，平面裂缝模型在各种页岩储层中通过历史拟合得出了各种可以接受的结果。因此，在下一节中，将采用平面裂缝模型来模拟页岩储层的水力压裂裂缝。

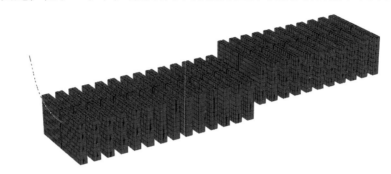

图 4.3 平面裂缝模型

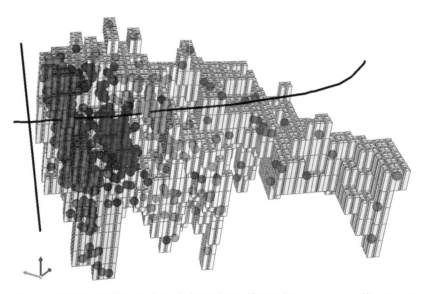

图 4.4 带有微地震数据的复杂水力压裂裂缝模型（据 Novlesky A. 等，2011）

动态裂缝扩展模型也已经有数十年的历史（Barree，1983；Fanchi 等，2007；Gidley 等，1989；Green 等，2007；Yousefzadeh 等，2017）。Howard 等（1957）引入了第一个用于设计压裂处理的数学模型，他们假设裂缝宽度始终保持恒定的二维模型，允许工程师根据地层和压裂液的漏失特性计算裂缝面积。在接下来的几年里，出现了 2 种最常见的二维模型，成为压裂设计行业要求的简单而适用的解决方案，既帕金斯—克恩—诺德格伦（PKN）模型和赫里斯蒂亚诺维奇—吉尔斯马—德克勒克（KGD）模型（Advani 等，1985；Daneshy，1973；Geertsma 等，1969；Nolte，1986；Nordgren，1972；Perkins 等，1961；Zheltov，1955）。

在二维裂缝建模中，裂缝高度被视为是恒定的，裂缝宽度和长度作为裂缝高度、压裂参数和储层力学特性的函数来计算。裂缝的垂直扩展受限于油藏地层材料特性的改变或水平最小原位应力的改变。在 PKN 模型和 KGD 模型中，裂缝变形按线性塑性过程考虑，预计裂缝边界是在扩展平面上确定的。其他主要前提条件是：注入的压裂液为牛顿流体，注入速率恒定，裂缝高度恒定。

在 PKN 模型中，裂缝面垂直于垂向平面的应变。PKN 模型的几何形状如图 4.5 所示（Adachi 等，2007）。在 PKN 模型中，裂缝横截面为椭圆形，并假设裂缝几何形状与裂缝韧性无关（Yew 等，2014）。当裂缝高度大于裂缝长度时，PKN 模型最为适用。不考虑漏失的 PKN 模型的裂缝长度由以下公式（Gidleytff 等，1989）确定：

$$L_{\mathrm{PKN}} = C_1 \left[\frac{G q_0^3}{(1-\nu)\mu h_{\mathrm{f}}^4} \right]^{\frac{1}{5}} t^{\frac{4}{5}} \tag{4.24}$$

式中　L_{PKN}——裂缝长度；
　　　C_1——数值，对于双翼裂缝，$C_1=0.45$；
　　　G——地层剪切模量，kPa；
　　　q_0——恒定流量；
　　　ν——泊松比；
　　　μ——注入流体黏度；
　　　h_{f}——裂缝高度；
　　　t——压裂时间。

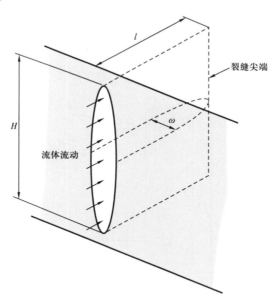

图 4.5　二维裂缝的帕金斯—克恩—诺德格伦（PKN）模型几何形状示意图（据 Adachi J. 等，2007）

KGD 模型假设应变发生在水平平面上。图 4.6 显示了 KGD 裂缝模型的几何形状（Adachi 等，2007）。该模型的另一个假设条件是：裂缝尖端是杯形的。在该模型中，裂缝宽度在垂直方向上是恒定的。KGD 模型中，如果漏失没有到达地层和裂缝尖端的微小干区，在得到裂缝长度计算的解析解后（Gidley 等，1989）：

$$L_{KGD} = C_2 \left[\frac{Gq_0^3}{(1-\nu)\mu h_f^4} \right]^{\frac{1}{6}} t^{\frac{2}{3}} \quad (4.25)$$

式中 L_{KGD}——裂缝长度；

C_2——数值，对于双翼裂缝，C_2=0.48。

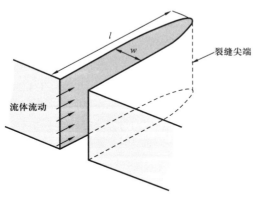

图 4.6 二维裂缝的 KGD 几何形状示意图
（据 Adachi J. 等，2007）

PKN 模型和 KGD 模型之间的唯一区别是假设的椭圆方向不同。

由于限制高度是不切实际的，二维裂缝扩展模型很少具有代表性。随着大多数工程师都可以使用高性能计算机，压裂设计工程师开始使用准三维（P3D）模型（Gidley 等，1989）。允许裂缝高度改变的准三维模型是二维模型的扩展。在大多数情况下，准三维模型优于二维模型，原因是准三维模型利用产层及射孔段上下方的岩层数据，计算裂缝高度、宽度和长度分布。Gidley 等（1989）提供了一个关于如何使用准三维裂缝扩展理论的详细说明。图 4.7 给出了准三维模型的典型结果，准三维模型提供了更真实的裂缝几何形状和尺寸估算，从而得出更优的设计方案和井况描述。虽然准三维模型的复杂性增加了，但仍受到线性弹性变形基本假设、椭圆形裂缝形状、裂缝尖端的应力强度因子（和奇异点）及完全弹性耦合假设的限制。如果裂缝在任何元素中都无法描述为从上尖端到下尖端的一个连续整体，这些模型也会失效。

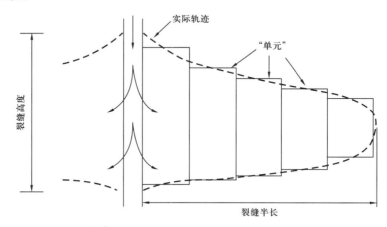

图 4.7 准三维模型的裂缝几何形状示意图（据 Adachi J. 等，2007）

为了模拟水力压裂裂缝的复杂地质系统，研究了全三维（3D）模型，如图 4.8 所示（Adachi 等，2007；Green 等，2007）。二维/准三维（2D/P3D）模型和三维模型之间的区别在于：三维模型的计算运行耗时更长，这是因为所有增长模式的计算都很复杂，而且没有简化假设条件。近年来，在页岩储层中，已经广泛使用几种三维压裂模拟器。Barree（1983）研发了一种数值模拟器，能够预测在高度和长度方向上扩展过程中的裂缝几何形状。这个数值模拟器能够处理弹性特性、限域应力、孔隙压力和岩石强度方面的随机空间变化。裂缝流体压力、裂缝宽度和净应力是在整个裂缝面上均匀间隔的点上计算,这个问题的解决方案将用于裂缝内流体流动的有限差分公式和裂缝宽度的积分方程组合在一起。基于 Barree(1983)的研究结果,建立了多学科、综合岩石力学裂缝模拟器 GOHFER(面向网格的水力压裂裂缝扩展复制器)(Barree 等,2015)。为了确定压裂设计,明确控制压裂的主要物理过程是很重要的一步。根据 Barree 等(2015)的数据,裂缝设计过程主要包括裂缝几何形状生成、流体漏失、流体流变学和支撑剂运移等 4 个方面,如果能准确地考虑所有这些过程,就可以预测水力压裂裂缝的形状、尺寸和导流能力(图 4.9)。然而,尽管三维模型的精确度很高,但需要输入各种附加的储层数据,而获得这些数据的成本很高。因此,在大多数情况下,为了模拟水力压裂裂缝,都使用了静态裂缝模型,并与页岩储层中的当前生产数据进行拟合。然而,由于静态裂缝模型不是基于完整的输入数据和正确的假设条件,不能作为压裂过程的预测模型。为了建立页岩储层的预测模型,应基于可靠的物理学和真实数据,对压裂处理进行精确建模。

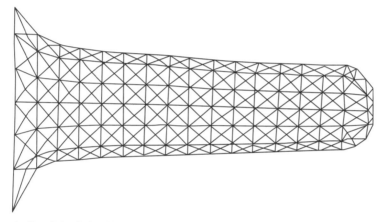

图 4.8 基于三角形元素的移动网格系统的三维模型的裂缝几何形状示意图(据 Adachi J. 等,2007)

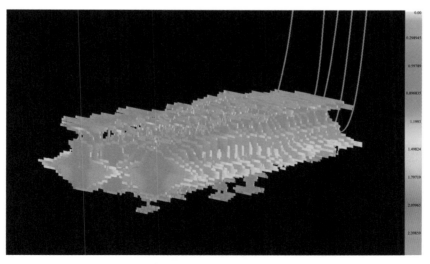

图 4.9 利用 5 口水平井对页岩油储层进行压裂模拟的结果

三、页岩储层模拟的过程

在页岩储层模拟方面，已经进行了大量工作（Anderson 等，2010；Cipolla 等，2010；Kam 等，2015；Novlesky 等，2011；Rubin，2010；Yu，2015）。虽然近年来对页岩储层的研究工作引发了极大的关注，但这些工作并没有反映页岩储层非达西流、吸附/解吸、应力依赖压实和纳米孔内的相行为变化等特征机制的联合效应。此外，页岩资源由于储层渗透率、孔隙度、裂缝高度、裂缝间距、裂缝半长、裂缝导流能力、井距等存在很多不确定参数和不可估算的参数，其开发过程表现出高成本和显著不确定性。因此，利用各种特定机制的数值建模及敏感性分析、历史拟合、优化和不确定性评价的一体化模拟方法，对于页岩储层的经济开发具有重要价值。

在一般页岩储层模型中，采用双渗透率模型模拟天然裂缝系统（Ahmed 等，2016；Novlesky 等，2011；Rubin，2010）。双渗透率模型采用一个表示基质的单元格位于另一个单元格内的网格组块表示每个基质—裂缝网络块中的裂缝，从而将基质和裂缝分别建模。在双渗透率模型中，流体流动可以发生在从裂缝到裂缝网格块、从基质到裂缝网格块、从基质到基质网格块。水力压裂裂缝采用对数间隔的、局部细化的双渗透率方法进行建模（Rubin，2010）。利用这种方法，通过定义水力压裂裂缝的高渗透率值和页岩基质的低渗透率值，在双渗透率模型的基质部分，对水力压裂裂缝进行显式建模。在细化网格中，采用中心网格块代表水力压裂裂缝，这些网格块被设置为比实际裂缝宽度更大的宽度，以实现有效的计算机计算。为了在较宽的网格组块中保持水力压裂裂缝导流能力，有效渗透率的计算按如下所示：

$$k_{\text{eff}} = \frac{k_{\text{f}} w_{\text{f}}}{w_{\text{grid}}} \tag{4.26}$$

式中　k_{eff}——裂缝有效渗透率；
　　　k_{f}——裂缝固有渗透率；
　　　w_{f}——裂缝固有宽度；
　　　w_{grid}——裂缝有效宽度。

利用福希海默方程（1901）计算了水力压裂裂缝中高速引起的非达西流动。如第三章所述，福希海默系数可以通过各种相关性来计算。其中，推荐使用 Evans 等（1994）提出的方程来进行水力压裂裂缝建模。他们使用了从固结介质和非固结介质中获得的大量数据，得到了一个一般关联式，如下所示：

$$\beta = \frac{1.485 \times 10^9}{\phi k^{1.021}} \tag{4.27}$$

由于网格块宽度的增加，网格块内的速度将低于裂缝内的实际速度，从而导致非达西流的计算错误。因此，非达西系数必须像裂缝渗透率一样进行校正。为正确计算非达西效应，在应用非达西校正因子后，公式为

$$\beta_{\text{corr}} = \left(\frac{k_{\text{f}}}{k_{\text{eff}}}\right)^{2-N1_{\text{g}}} = \left(\frac{w_{\text{grid}}}{w_{\text{f}}}\right)^{2-N1_{\text{g}}} \tag{4.28}$$

式中 β_{corr}——非达西校正因子；

$N1_g$——关联参数。

目前，由于微地震测量成本高，平面裂缝模型比复杂裂缝模型更受青睐。在有平面裂缝的模型中，水力压裂裂缝间距是用于精确历史拟合的重要参数。

利用估算的储层特性，建立了一个基础的数值页岩模型。储层和裂缝参数的测量都很困难，因此许多参数应分配合理的范围并与生产数据拟合（Ahmed 等，2016；Novlesky 等，2011）。一般来说，基质渗透率的初始估算值在数百纳达西的范围内，孔隙度的估算值小于 10%。天然裂缝系统的渗透率也很难量化，并取决于天然裂缝状态是张开状态、部分张开状态还是完全闭合状态。最初，假设天然裂缝渗透率为纳达西级。

水力压裂裂缝的特性对低渗透率页岩储层生产能力的影响最大。然而，水力压裂系统的特点难以测量，而且成本很高。一般认为水力压裂裂缝间距受储层中天然裂缝间距的影响。力学地层学解释的地层成像测井和露头数据的裂缝描述为估算平均裂缝间距的合理范围提供了依据。水力压裂裂缝间距可以从水力学特征明显的天然裂缝中估算出来，这些天然裂缝有足够大的开度来接受支撑剂。水力压裂裂缝的导流能力可以通过复杂的实验室实验来估算（Kam 等，2015）。页岩岩心塞是从垂直于层理平面方向切割，并根据设计，在岩心的 2 个半体之间放置支撑剂，以模拟诱导产生的水力压裂裂缝。滑溜水压裂液在储层温度和储层压力条件下流动时，人工诱导裂缝的导流能力被测量出来。此外，瞬态流分析（RTA）可用于计算水力压裂裂缝特性（Kam 等，2015），在定义模型中诱导裂缝特性时作为初始假设，如高度、半长和导流能力。不过，RTA 代表了首钻井的行为，仅在相邻井钻探前有效。假设相邻井之间的相互作用破坏了流动行为，因此，RTA 模型无法解释这一点。计算岩石力学裂缝传播的裂缝设计模拟器也可用于估算水力压裂裂缝特性。

为了建立一个适合模拟页岩储层复杂气体流动过程的模型，Kim（2018）提出并应用了一些具体机制，如单层和多层吸附/解吸、岩石力学变形、限域效应。通过页岩岩心样品的吸附实验，可以量化恒温下不同压力材料的吸附潜力（Heller 等，2014；Lu 等，1995a；Nuttal 等，2005；Ross 等，2007，2009；Vermylen，2011）。如第三章所述，朗缪尔等温线（1918）假设单层吸附覆盖固体表面，常用于描述页岩储层中 CH_4 吸附/解吸行为。然而，根据 Yu 等（2016）的研究成果，CH_4 吸附的测量结果偏离了朗缪尔等温线。在马塞勒斯页岩岩心样品中，在低压下，数据与朗缪尔等温线相符；而在高压下，数据偏离了朗缪尔等温线，并与 BET 等温线（1938）吻合良好。因此，式（3.31）和式（3.35）用于模拟朗缪尔和 BET 吸附。

裂缝网络的导流能力对生产过程中应力和应变的变化敏感，原因是应力腐蚀会影响支撑剂强度、破碎和地层嵌入（Ghosh 等，2014）。为了模拟生产过程中的这些岩石力学效应，应将位移方程和流量守恒方程耦合，分别如前文式（3.98）和式（3.99）所示。利用迭代耦合的方法，孔隙度可以通过式（3.100）来计算，式（3.100）表示为压力、温度和总平均应力的函数。渗透率可以通过经验公式来计算，指数关系和幂律关系［式（3.107）和式（3.109）］用于模拟生产过程中因应力变化而发生的渗透率变化。为了考虑页岩储层纳米孔中相行为的变化，应模拟限域效应。如第三章所示，这些限域效应可以用临界点位移关联式来描述。临界压力和临界温度的变化取决于孔喉半径，如前文式（3.112）和式（3.113）所示。

在页岩资源的开发过程中，储层渗透率、孔隙度、水力压裂裂缝和天然裂缝特性、气体吸附/解吸、岩石力学特性、限域效应、井距等众多不可估算和无法确定的参数，存在成本高和不确定性显著等问题，因此，对页岩资源经济开发采用敏感性分析、历史拟合、优化和不确定性评估方法显然是可取的（CMG，2017a；Yu，2015）。下一节将介绍一套整体的储层模拟框架，以进行敏感性分析、历史拟合、优化和不确定性评价，并简单介绍几种系统方法和统计方法。

敏感性分析用于确定一个参数对模拟结果的影响程度，并确定哪些参数对目标函数的影响最为显著，如历史拟合误差。确定主要参数并用于历史拟合变量的拟合，其他参数保持在其估算值。在敏感性分析中，一般会进行较少次数的模拟运行来确定敏感性参数。这些参数用于设计历史拟合或优化研究，而设计历史拟合或优化研究需要更多次运行模拟。敏感性分析有几种方法。

一次一个参数（OPAAT）采样法是一种传统的敏感性分析方法。在这种方法中，每个参数都是独立分析的，而其他参数则固定在其基准值上，对所有待研究参数依次重复该程序。一次一个参数（OPAAT）采样法测量的是每个参数对目标函数的影响，同时去除其他参数的影响。尽管一次一个参数（OPAAT）采样法使用简单，结果很容易理解，不存在不同参数的复杂影响，但研究人员不鼓励使用一次一个参数（OPAAT）采样法，原因是结果集中在基准值附近，如果基准值改变，结果将发生显著变化，相同估算需要更多的运行次数，也无法获得参数相互影响的信息，最终导致分析结果无法通用。

响应面法（Box 等，1951，1987，2007）提出了输入变量与响应或目标函数之间的关联式。与一次一个参数（OPAAT）采样法相比，响应面法将多个参数一起调整，然后通过拟合一个多项式方程来分析结果，称为响应面法（图 4.10）。

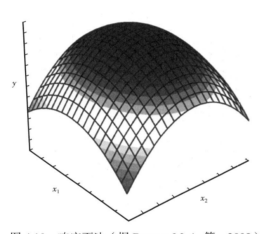

图 4.10　响应面法（据 Bezerra M. A. 等，2008）

在响应面法中，利用一组设计实验建立一个代理模型来表示原始复杂的储层模拟模型。响应面就是油藏模拟器的代理模式，以实现响应的快速估算。最常见的代理模型是线性、简单二次和二次形式的多项式函数，如下所示：

$$y = a_0 + a_1 x_1 + a_2 x_2 + \cdots + a_k x_k \quad (4.29)$$

$$y = a_0 + \sum_{i=1}^{k} a_i x_i + \sum_{i=1}^{k} a_{ii} x_i^2 \quad (4.30)$$

$$y = a_0 + \sum_{i=1}^{k} a_i x_i + \sum_{i=1}^{k} a_{ii} x_i^2 + \sum_{i<j}^{k} \sum_{j=2}^{k} a_{ij} x_i x_j \quad (4.31)$$

式中　　y——响应或目标函数；

　　　　a_k——线性项的系数；

　　　　x_k——输入变量；

　　　　a_{ii}——二次项系数；

　　　　a_{ij}——相互作用项系数。

如果参数与目标函数成非线性关系，则可以给出一个二次项。如果同时修改2个参数的影响比单个线性或二次效应之和更强，则也可以给出一个相互作用项。中心组合设计（CCD）和D—最优设计也很受欢迎，经常用于拟合二次表面模型（Myers等，2016）。在生成代理模型后，可以使用显示一系列参数估算值的旋风图来分析参数的敏感性。

储层响应通常是非线性的，也可能依赖于多个参数。因此，很难用简单趋势或多项式方程来建模。Sobol方法和Morris方法以简化方式表示了复杂关系。Sobol方法（1993）是一种基于方差的敏感性分析方法。基于方差的敏感性分析方法的主要思想是量化每个输入因素对输出的无条件方差所贡献的方差量。全球敏感性分析的Morris方法（1991）也被称为基本效应法，是一种筛选方法，用于识别对模型输出影响最大的模型输入，是基于一个重复的、随机的一次一个（OAT）实验设计，每次运行中只有一个输入参数被赋予一个新的数值。

历史拟合技术是将模拟结果与生产历史数据进行拟合的一个过程。为了更好地了解储层参数，并模拟准确的页岩模型，以实现预测结果的可信度，地质学家们采用了历史拟合技术。由估算储层特性建立的基础数值页岩模型可能存在不确定性，利用敏感性分析得到的参数对其进行调整，基于敏感性分析的数值范围，进行了大量实验。在模拟实验完成后，计算出了模型与生产数据之间的拟合误差。然后，通过优化方法，确定了新的模拟作业的参数值。随着更多的模拟任务的完成，结果收敛至最优解，使模拟结果与现场生产数据实现误差最小的满意拟合。在储层模拟的历史拟合中，采用了各种优化方法，包括随机搜索法、差分进化法（DE）、粒子群优化法（PSO）、设计演化和控制探索法（DECE）（CMG，2017b；Kennedy等，1995；Storn等，1995；Yang等，2009，2007）。

随机搜索法是最直接的随机优化方法，对于某些问题，如小搜索空间和快速运行模拟非常有用（CMG，2017a）。随机搜索有很多不同的算法，如盲随机搜索、局部随机搜索和增强局部随机搜索。盲随机搜索是最简单的随机搜索法，在这种方法中，当前抽样不考虑之前的样本。也就是说，这种盲搜索法对搜索过程中已经收集到的信息，不采用当前抽样策略。盲随机搜索的优点是，当函数求值（模拟）的数量变大时，可以保证收敛至最优解。然而，实际上这种收敛特性在实际应用中可能有限，原因是这种算法可能需要大量的函数求值（模拟），来实现最优解。

由Storn等（1995）提出的差分进化法是基于种群的随机优化技术。系统用随机解的种群进行初始化，通过突变、交叉和选择这3个步骤来更新种群，进而搜索最优值。突变过程涉及为每个种群中的最佳解添加2个解的比例差分，以生成一个新的种群。交叉计算增加了新产生的种群多样性。最后，利用选择算子为下一代保留最优解。将新种群的结果与老种群的结果进行比较。每次实验都需要进行检验，并保留更好的实验。

粒子群优化法是基于种群的随机优化技术，由Kennedy等（1995）研发，灵感来自鸟类群集和鱼类群集的社会行为。社会影响和社会学习能够使人保持认知能力一致性。人们通过与其他人员探讨问题来解决问题，当他们互动时，他们的信念、态度和行为就会发生改变。这些改变可以描述为个体在社会认知空间中向彼此靠拢。粒子群模拟了这种社会优化。系统用一个种群的随机解进行初始化，并通过代际更新来寻找最优值。个体迭代地评估他们的候选解，并记住他们迄今为止最成功的位置，使他们的邻居可以获得这些信息，他们还能看到他们的邻居在何处取得了成功。这些成功案例引导了搜索空间的移动，种群通常向好的解聚集。

采用设计演化和控制探索（DECE）优化法来调整参数值（CMG，2017a；Yang 等，2009，2007），从而使历史拟合误差最小化。DECE 优化法是基于油藏工程师通常用来解决历史拟合或优化问题的过程，为了简化起见，DECE 优化法可以描述为迭代优化过程，包括一个设计探索阶段和一个受控演化阶段。在设计探索阶段，目标是以设计的随机方式探索搜索空间，从而获得关于解空间的最大信息。在该阶段，采用实验设计和禁忌（Tabu）搜索技术来选择参数值，并创建具有代表性的模拟数据集。在受控演化阶段，对在设计探索阶段获得的模拟结果进行了统计分析。基于这些分析，DECE 算法仔细检查每个参数的每个候选值，以确定如果特定候选值的再次选择被拒绝，是否有更好的机会提高解的质量。这些被拒绝的候选值将被算法记住且将不会在下一个受控探索阶段使用。为了最大化降低被困在局部最小值中的可能性，DECE 优化算法不时地检查被拒绝的候选值，以确保以前的拒绝决策仍然有效。如果此算法确定某些拒绝决策无效，则会取消拒绝决策，并再次使用相应的候选值。

优化研究用于生成最佳的现场开发计划和操作条件。优化和历史拟合提出了可以寻找目标函数的最大值或最小值的类似方法。优化得出了改进最多的目标函数，如油气采收率和净现值（NPV），而历史拟合提供了模拟模型和生产数据之间的误差最小的结果。在页岩储层中，水力压裂裂缝参数和井距优化对获得经济完井方案非常重要。近年来，对优化页岩气储层水平井横向裂缝设计进行了多次尝试（Bagherian 等，2010；Bhattacharya 等，2011；Britt 等，2009；Gorucu 等，2011；Marongiu-Porcu 等，2009；Meyer 等，2010；Yu，2015；Zhang 等，2009）。

经过历史拟合和优化后，某些储层变量数值可能仍存在不确定性。一旦得到了几个可接受的历史拟合模型，就应该评估每个模型的不确定性。在预测模型中，对结果进行了评估，以确定不确定参数的影响。通过调整一些参数，对最终选择的模型进行了更严格的评价。虽然某些参数对历史拟合过程的影响不大，但它们可能会在预测过程中产生较大的影响。通过模拟一组参数在不确定性范围内变化的情况，构建了一个响应面。响应面随后被用作代理模型，后期用于蒙特卡罗模拟。当蒙特卡罗模拟完成后，得到了结果的预期范围和概率分布。

后文介绍了页岩油气储层的现场模拟研究。Kim（2018）考虑了前面提到的各种先进机制，模拟了真实页岩油气储层，并对巴奈特、马塞勒斯页岩气储层和东得克萨斯页岩油储层进行了建模。对于数值建模，使用了合成的非常规模拟器 CMG-GEM（CMG，2017b）。由于从页岩储层获得的信息存在不确定性，Kim（2018）采用历史拟合技术进行了模型验证。利用历史数据对模型进行验证，得到页岩储层的不确定性信息。研究考虑了单层和多层吸附/解吸、应力依赖压实、限域效应及地质储层和裂缝特性，对每个储层的现场生产数据进行了历史拟合。历史拟合采用 CMG-CMOST 进行（CMG，2017a）。在每个储层中，都进行了产量预测，以评估机制的影响。

第二节 页岩气储层的现场应用

为了验证页岩气储层中各种运移机制的影响，Kim（2018）构建了巴奈特页岩的数值模型。巴奈特页岩位于得克萨斯州北部的沃斯堡盆地（Fort Worth Basin），是密西西比纪的富含有机质页岩。巴奈特页岩以具有较高的硅含量（35%~50%）、相对较低的黏土含量（<35%）和很高的有机碳含量（3%~10%）而闻名（Montgomery 等，2005）。依据 Bowker（2007）、Jarvie 等（2007）和 Loucks 等（2007）的报告，巴奈特页岩组成为 40%~45% 石英、27%~40% 黏土，以及含量不等的黄铁矿、长石、方解石、白云石和磷酸盐。

图 4.11 给出的是摘自 Anderson 等（2010）的每日压力和产气量数据。可获得近 600 天的生产数据，用来进行历史拟合和井动态评价。Anderson 等（2010）建成了体积为 $3250 \times 550 \times 100 \text{ft}^3$ 的无流动外边界的页岩气模型，水平井横向钻井跨越了整个 3250ft 的范围。模型采用了页岩储层双渗透率模型描述天然裂缝和基质系统。水力压裂裂缝采用局部网格细化（LGR）技术建模，以制成具有水力压裂裂缝特性的薄块（Rubin，2010）。在局部网格细化（LGR）技术中，远离裂缝的单元尺寸呈对数关系增大。流体包括气体和水，但水是不流动的，因此流动流体为单相气体。

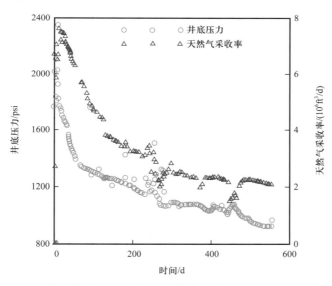

图 4.11　巴奈特页岩的压力和天然气采收率（据 Anderson D. M. 等，2010）

Vermylen（2011）基于测井数据、实验室样品分析及天然气页岩和岩石力学文献的合理估算，对巴奈特页岩的力学性能进行了研究。根据其研究成果，在巴奈特页岩模型中使用的泊松比和杨氏模量为 0.23 和 40GPa。Cho 等（2013）针对巴奈特页岩数据提出指数相关系数为 0.0087。没有幂律相关系数的数据，因此通过指数相关系数和幂律相关系数之间的关系来计算幂律相关系数。利用 Dong 等（2010）获得的关联式，确定了巴奈特页岩的幂律相关系数为 0.31。此外，对于历史拟合，根据 Dong 等（2010）的实验，确定了指数压实系数和幂律压实系数的范围。图 4.12 提供了基于这些系数的巴奈特页岩模拟的渗透率乘数。

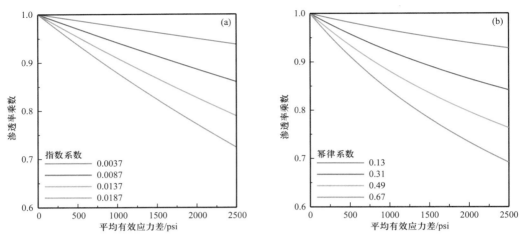

图 4.12 具有指数相关性（a）和幂律相关性（b）的渗透率乘数

表 4.2 给出了巴奈特页岩储层历史拟合中使用的参数及其范围。由于可用的数据有限，储层和裂缝特性都存在显著的不确定性。图 4.13 显示了 3 种不同情况中井底压力的最佳拟合模型。在本研究中，第 1、第 2 和第 3 种情况分别表示无压实、有指数相关模型的压实、有幂律相关模型的压实。3 种最佳拟合模型的拟合误差分别为 6.7%、5.8% 和 6.4%，指数相关模型和幂律相关模型的拟合误差低于无压实模型。虽然指数相关模型的拟合误差最小，但不能直接确定为精确模型。在页岩储层历史拟合的应用中，由于储层信息的限制，非唯一性问题非常重要。表 4.3—表 4.5 给出了 3 种不同压实情况下的历史拟合后的前 25 个模型的最佳拟合参数和范围，每种情况下最佳拟合数值和范围都是不同的，特别是在 3 种压实情况下，水力压裂裂缝的半长和间距存在显著差异。根据 Anderson 等（2010）的瞬态流分析（RTA）结果，水力压裂裂缝的半长和间距分别为 250ft 和 174ft。幂律相关模型与瞬态流分析（RTA）结果吻合良好。

表 4.2 巴奈特页岩气储层的历史拟合的参数不确定性

不确定参数	基准	低	高
储层初始压力 /psi	2100	1800	2400
水力压裂裂缝渗透率 /mD	100000	10000	100000
基质渗透率 /mD	0.1×10^{-5}	0.1×10^{-5}	10×10^{-5}
天然裂缝渗透率 /mD	0.20	0.01	0.50
天然裂缝间距 /ft	50	25	75
基质孔隙度	0.36	0.02	0.1
天然裂缝孔隙度	0.08	0.00002	0.1
水力压裂裂缝半长 /ft	100	50	400
水力压裂裂缝间距 /ft	174	100	400
指数系数	0.0087	0.0037	0.0187
幂律系数	0.31	0.13	0.67

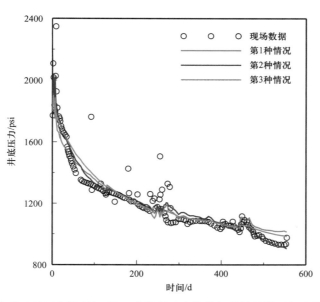

图 4.13 针对第 1 种情况（无压实模型）、第 2 种情况（有指数相关性的模型）和第 3 种情况（有幂律相关性的模型）的最佳拟合的巴奈特页岩模型

表 4.3 巴奈特页岩气储层前 25 个拟合模型的参数（第 1 种情况）

不确定参数	基准	低	高
储层初始压力 /psi	1922	1895	2053
水力压裂裂缝渗透率 /mD	86500	75700	98650
基质渗透率 /mD	5.6×10^{-5}	2.5×10^{-5}	5.9×10^{-5}
天然裂缝渗透率 /mD	0.3824	0.3236	0.4853
天然裂缝间距 /ft	66	60	74
基质孔隙度	0.090	0.064	0.098
天然裂缝孔隙度	0.0245	0.0230	0.0365
水力压裂裂缝半长 /ft	204	204	365
水力压裂裂缝间距 /ft	271	271	348

表 4.4 巴奈特页岩气储层前 25 个拟合模型的参数（第 2 种情况）

不确定参数	基准	低	高
储层初始压力 /psi	2048	1922	2132
水力压裂裂缝渗透率 /mD	98200	77500	98650
基质渗透率 /mD	5.7×10^{-5}	5.6×10^{-5}	8.7×10^{-5}
天然裂缝渗透率 /mD	0.206	0.169	0.341
天然裂缝间距 /ft	42	32	49

续表

不确定参数	基准	低	高
基质孔隙度	0.030	0.029	0.042
天然裂缝孔隙度	0.0225	0.0050	0.0240
水力压裂裂缝半长 /ft	99	71	171
水力压裂裂缝间距 /ft	301	208	316
指数系数	0.0087	0.0037	0.0137

表4.5 巴奈特页岩气储层前25个拟合模型的参数（第3种情况）

不确定参数	基准	低	高
储层初始压力 /psi	1859	1801	1922
水力压裂裂缝渗透率 /mD	96400	85150	100000
基质渗透率 /mD	5.4×10^{-5}	5.4×10^{-5}	9.8×10^{-5}
天然裂缝渗透率 /mD	0.186	0.186	0.336
天然裂缝间距 /ft	73	68	75
基质孔隙度	0.062	0.035	0.070
天然裂缝孔隙度	0.0295	0.0135	0.0295
水力压裂裂缝半长 /ft	236	159	264
水力压裂裂缝间距 /ft	196	102	196
幂律系数	0.31	0.13	0.49

使用选定的前25种模型进行了未来10年的产量预测。预测受到最近井口压力的限制。图4.14显示了3种压实情况下的预测累计产气量，虽然在历史拟合结果中观察到微小的差异，但在未来的预测中，最近井口压力影响大大增加。模拟结束时，在无压实、指数相关压实和幂律相关压实模型的累计产气量范围分别为（4.5～5.6）×$10^9 ft^3$、（2.3～2.9）×$10^9 ft^3$和（3.2～4.2）×$10^9 ft^3$。由于产量预测过程中的这些显著变化，应考虑与应力相关的压实来模拟页岩气藏。

同时，利用马塞勒斯页岩评价了运移机制的影响。马塞勒斯页岩位于阿巴拉契亚盆地，横跨6个州，包括宾夕法尼亚州、纽约州、西弗吉尼亚州、俄亥俄州、弗吉尼亚州和马里兰州。在马塞勒斯页岩中进行了多级水力压裂，钻探了多口水平井，但完井效率尚不完全清楚。马塞勒斯页岩通常具有高二氧化硅含量、高黏土含量和中等有机碳含量（3%）（Lora，2015）。Lora（2015）提出了马塞勒斯页岩的定量分析：21%石英、69%黏土，以及含量不等的石膏、黄铁矿和方解石。采用摘自Yu（2015）研究中马塞勒斯页岩的180天井底流压和天然气采收率进行历史拟合。储层模型尺寸为3105×1000×137ft^3，分别对应于模型的长度、宽度和厚度，包含2个不同的页岩层，孔隙度分别为9%和13.8%。上下两层的厚度分别为 94ft 和 43ft。井钻遇下岩层，使用 2605ft 横向长度完井。尽管 Yu（2015）对这些井数据进行了历史拟合，但他只考虑了水力压裂裂缝特性和基质渗透率，因此拟合结果不够充分。在本文模型中，采用双渗透率模型来考虑天然裂缝系统。局部网格细化（LGR）技术将远离裂缝的单元大小成对数增大，来模拟水力压裂裂缝。由于页岩中的水不流动，假设存在的是单相气体。

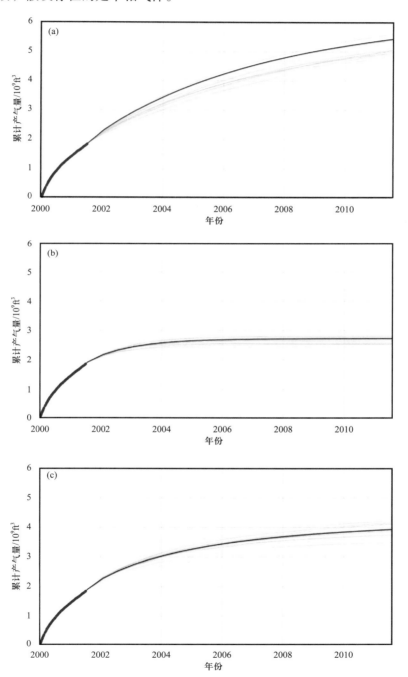

图 4.14 第 1 种情况（a）、第 2 种情况（b）和第 3 种情况（c）的 10 年巴奈特产量预测

采用Yu（2015）提供的吸附数据，对马塞勒斯页岩进行了建模。Yu（2015）给出了从马塞勒斯页岩岩心样品中获得的甲烷吸附的实验测量结果，这些实验测量结果偏离了朗缪尔等温线，但符合了BET等温线。朗缪尔等温线和BET等温线均拟合了5个吸附数据，都用于历史拟合参数。在这个模型中，也考虑了与应力相关的压实作用。由于马塞勒斯页岩与巴奈特页岩具有相似的岩石特征，因此该模型采用了相同的压实系数范围，同时考虑了限域效应。孔喉半径采用式（4.32）计算（Al Hinai等，2013），然后用式（3.112）—式（3.114）计算临界压力和临界温度。在这个历史拟合过程中，临界点通过储层特性自动计算出来。表4.6给出了马塞勒斯页岩储层历史拟合中使用的参数及其范围。

$$\lg k = 37.255 - 6.345 \lg \phi + 15.227 \lg r_p \tag{4.32}$$

表4.6 马塞勒斯页岩气储层历史拟合的参数不确定性

不确定参数	基准	低	高
储层初始压力 /psi	4300	3800	4800
水力压裂裂缝渗透率 /mD	10000	5000	60000
基质渗透率 /mD	8.0×10^{-4}	1.0×10^{-4}	10×10^{-4}
天然裂缝间距 /ft	50	1	50
水力压裂裂缝半长 /ft	300	50	500
水力压裂裂缝间距 /ft	50	50	150
指数系数	0.0087	0.0037	0.0187
幂律系数	0.31	0.13	0.67

图4.15给出了马塞勒斯页岩的历史拟合结果，第1种情况为没有采用本研究提出的先进机制模型，第2种情况为有多层吸附和限域效应的模型，第3种情况为考虑多层吸附、限域效应和应力依赖压实的模型。如图4.15所示，第1、第2、第3种情况的最佳拟合模型的拟合误差分别为4.7%、4.7%和4.0%。表4.7—表4.9提供了每种情况下，前25个模型经过历史拟合后的最佳拟合参数和范围。如拟合结果所示，第1种和第2种情况给出了类似模型，在马塞勒斯页岩中，多层吸附和限域效应不显著。由于储层初始压力较低，朗缪尔等温线和BET等温线在一级生产过程中表现出相似的行为，而干气储层的限域效应也不显著。虽然限域效应能通过相行为位移改变黏度和原始天然气地质储量（OGIP），但与压实效应相比，影响很小。在这个模型中，初始气体黏度从0.0255mPa·s降到0.0221mPa·s，天然气地质储量（OGIP）从$2430 \times 10^6 \text{ft}^3$下降到$2407 \times 10^6 \text{ft}^3$。然而，如第3种情况所示，应力依赖压实在马塞勒斯页岩储层中很重要。

在前25个模型中，有23个利用幂律相关性进行了拟合，其中21个模型幂律系数大于0.31。与巴奈特页岩相似，幂律相关性比指数相关性获得的拟合结果更好。此外，马塞勒斯页岩的拟合幂律系数略高于巴奈特页岩。根据Vermylen（2011）的研究，含有大量黏土表明这种岩石在力学特性很弱，在长期的应力作用下可能发生塑性变形和蠕变。由于马塞勒斯页岩通常比巴奈特页岩含有更多的黏土（Lora, 2015; Montgomery等, 2005），历

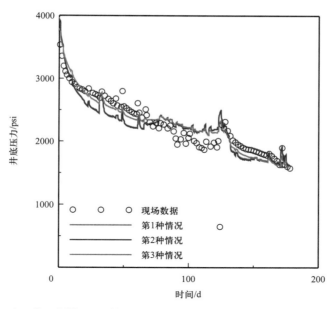

图 4.15 第 1 种情况（不带机制模型）、第 2 种情况（具有多层吸附和限域效应的模型）和第 3 种情况（具有压实、多层吸附和限域效应的模型）的最佳拟合的马塞勒斯页岩模型

表 4.7 马塞勒斯页岩气储层的前 25 个拟合模型的参数（第 1 种情况）

不确定参数	最佳	低	高
储层初始压力 /psi	3985	3905	4300
水力压裂裂缝渗透率 /mD	59725	10000	60000
基质渗透率 /mD	9.6×10^{-4}	8.0×10^{-4}	9.9×10^{-4}
天然裂缝间距 /ft	43	34	50
水力压裂裂缝半长 /ft	320	300	365
水力压裂裂缝间距 /ft	97	50	113

表 4.8 马塞勒斯页岩气储层的前 25 个拟合模型的参数（第 2 种情况）

不确定参数	最佳	低	高
储层初始压力 /psi	3965	3915	4300
水力压裂裂缝渗透率 /mD	59725	10000	60000
基质渗透率 /mD	9.6×10^{-4}	8.0×10^{-4}	1.0×10^{-3}
天然裂缝间距 /ft	46	40	50
水力压裂裂缝半长 /ft	322	300	338
水力压裂裂缝间距 /ft	97	50	100

史拟合结果是合理的。图 4.16 给出了用幂律相关性、幂律相关性 + 朗缪尔等温线、幂律相关性 +BET 等温线计算的渗透率乘数。吸附效应引起的渗透率变化比应力效应小。当平均有效应力变化为 2500psi 时，由朗缪尔等温线和 BET 等温线引起的渗透率的变化均在 1%以下，而由应力效应引起的渗透率变化为 17%。图 4.17 为研究吸附对压实影响的井底压力结果。在储层生产条件下，与应力相关的压实相比，吸附对渗透率的影响可以忽略不计。

表 4.9　马塞勒斯页岩气储层的前 25 个拟合模型的参数（第 3 种情况）

不确定参数	最佳	低	高
储层初始压力 /psi	3800	3800	4800
水力压裂裂缝渗透率 /mD	37175	10000	50925
基质渗透率 /mD	6.5×10^{-4}	7.4×10^{-4}	8.2×10^{-4}
天然裂缝间距 /ft	14	6	50
水力压裂裂缝半长 /ft	223	190	300
水力压裂裂缝间距 /ft	50	50	66
幂律系数	0.31	0.13	0.67

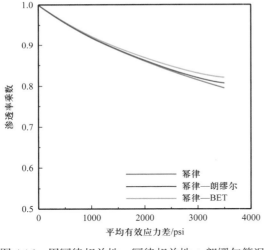
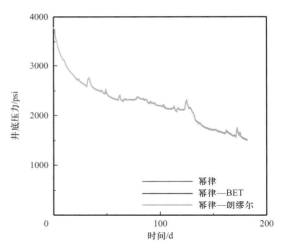

图 4.16　用幂律相关性、幂律相关性 + 朗缪尔等温线、幂律相关性 +BET 等温线计算的渗透率乘数

图 4.17　带幂律相关性，带幂律相关性 + 朗缪尔等温线、带幂律相关性 +BET 等温线的模型比较

针对马塞勒斯页岩，还使用选定的前 25 个模型进行了未来 10 年的产量预测。预测受到最近井口压力的约束。对现有模型和改进模型的累计产气量的预测如图 4.18 所示。在第 1 种情况和第 3 种情况中，预测结束时的产气量范围分别为（6.0~7.2）$\times 10^9 \text{ft}^3$ 和（4.5~5.1）$\times 10^9 \text{ft}^3$。第 2 种情况与第 1 种情况的结果相似。即使历史拟合结果显示第 1 种情况和第 3 种情况之间只有 0.7% 的差异，但 10 年的预测结果显示差异约为 40%。在具有相似岩石特征的巴奈特页岩和马塞勒斯页岩的历史拟合中，应力相关的压实是一个重要的机制，幂律相关性提供了较好的模拟输出。

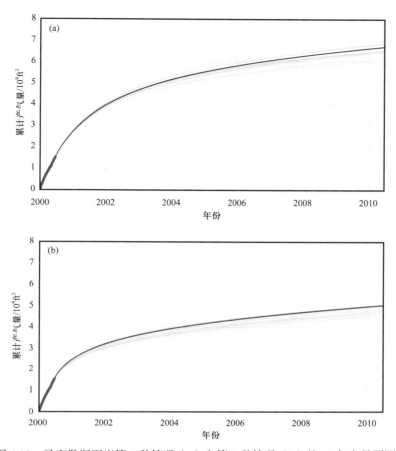

图 4.18　马塞勒斯页岩第 1 种情况（a）和第 3 种情况（b）的 10 年产量预测

第三节　页岩油储层的现场应用

建立了东得克萨斯页岩油储层模型，用于分析复杂的运移机制。历史拟合采用的井底压力、日产油量和日产水量从 Iino 等（2017a，2017b）的文献中获得。开井时，日产液量为 1300bbl/d，观察期间下降至 100bbl/d。早期生产期间的高含水率是由于完井流体的回收。模拟储层段的尺寸为 7100×2500×180ft³。在初始压力为 3953psi 且泡点压力为 2930psi 时，储层不饱和。双渗透率模型考虑了天然裂缝系统。Iino 等（2017a）给出了从岩心和测井解释推导出的基质属性。孔隙度、渗透率和初始含水饱和度分别为 0.08、$2.7×10^{-5}$mD 和 0.41，原始含水饱和度设置为 0.29。

表 4.10 显示了东得克萨斯页岩储层历史拟合中使用的储层和裂缝参数及其范围。由于可用数据有限，储层和裂缝特性存在显著的不确定性。利用这些拟合参数，分 3 种不同情况进行历史拟合。在本研究中，比较了没有先进机制模型（第 1 种情况）、有压实模型（第 2 种情况）、有压实 + 限域效应的模型（第 3 种情况）。图 4.19 显示了 3 种情况下的日产油量和日产水量的最佳拟合模型，可知第 1 种情况不能同时拟合日产油量和日产水量。考虑了与应力相关的压实和限域效应的模型，拟合误差有所降低。第 1、第 2 和

第3种情况的最佳拟合模型与现场历史数据的拟合误差分别为13.9%、10.4%和9.9%。为了考虑限域效应,采用式(3.112)—式(3.114)计算了各组分的临界压力和临界温度。利用式(4.32)计算了页岩储层的孔喉半径,并在每个历史拟合模型中计算了临界点。图4.20显示了考虑和未考虑限域效应时的相位行为。在东得克萨斯页岩模型中,原油黏度从0.1242mPa·s下降到0.0748mPa·s,石油地质储量(OOIP)从6766×10^3bbl下降到3738×10^3bbl。东得克萨斯页岩中相行为位移的影响如图4.21所示,提出了考虑和不考虑限域效应的模型。由于相行为改变降低了油黏度,早期的生产能力高于无限域效应的模型。然而临界点改变,计算出的密度发生改变,原始石油地质储量(OOIP)较小,因此有限域效应模型得出的日产油量有所降低。

表4.10 东得克萨斯页岩油储层的历史拟合的参数不确定性

不确定参数	基准	低	高
水力压裂裂缝渗透率/mD	50000	1000	60000
基质渗透率/mD	0.001	0.00001	0.001
天然裂缝渗透率	0.000027	0.00002	0.01
基质孔隙度	0.067	0.05	0.08
天然裂缝孔隙度	0.005	0.003	0.008
天然裂缝间距/ft	100	1	100
水力压裂裂缝半长/ft	200	100	400
水力压裂裂缝间距/ft	200	100	500
指数系数	0.005	0.0005	0.001

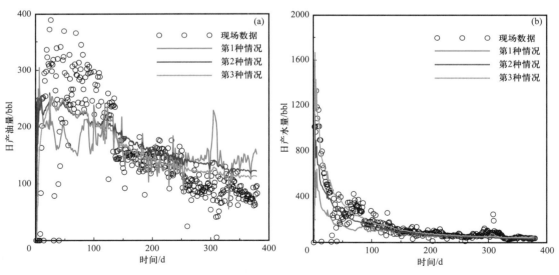

图4.19 第1种情况(无机制的模型)、第2种情况(有压实的模型)和第3种情况(有压实和限域效应的模型)的东得克萨斯页岩模型的最佳拟合
(a)产油率;(b)产水率

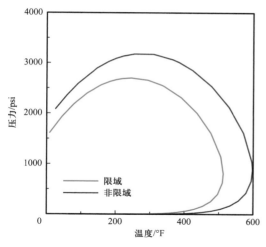
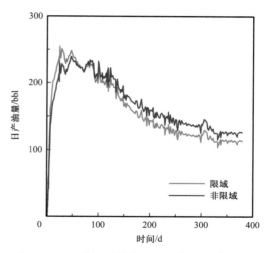

图 4.20　考虑限域效应和不考虑限域效应的相位包络线

图 4.21　考虑限域效应和不考虑限域效应的模型之间的日产油量比较

使用选定的前 25 种模型，以最近井口压力为约束，对东得克萨斯页岩气进行了未来 10 年的石油产量预测。图 4.22 为有压实模型，有压实和限域效应模型的累计石油产量预测。预测结束时，每个模型的石油产量分别为（196～288）×10^3bbl 和（170～263）×10^3bbl。在东得克萨斯页岩油模型中，应认真考虑与应力相关的压实和限域效应。

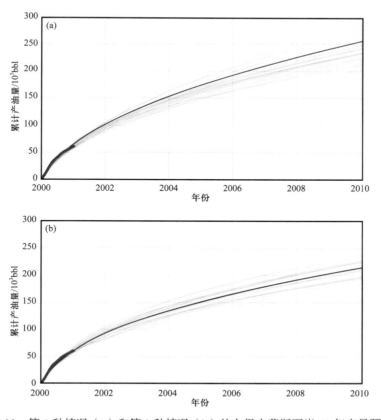

图 4.22　第 1 种情况（a）和第 2 种情况（b）的东得克萨斯页岩 10 年产量预测

第五章　页岩储层技术所面临的挑战

近年来，注CO_2技术引起了人们的广泛关注，成为页岩储层提高采收率和温室气体封存的潜在方法。为了在页岩储层中成功应用注CO_2技术，应全面了解页岩中的油气运移机制。基于第四章中生成的页岩储层模型，提出了考虑非达西流、多层吸附、分子扩散、应力依赖变形和纳米孔隙内相行为变化的注入模型。此外，为了更准确地模拟页岩储层，应区分有机孔隙和无机孔隙。有机孔隙和无机孔隙具有独特的孔隙结构、吸附能力和岩石力学特性，因而具有不同的流动机制，还通过几项研究成果介绍了如何考虑有机质在页岩储层数值模拟中的作用。

第一节　CO_2注入过程中的多组分运移

尽管页岩油气产量大幅增长，但页岩储层的单井采收率仍低于常规储层。虽然大多数页岩油气井在早期阶段产量急剧上升，但在几个月后就观察到产量的迅速下降。图5.1为海恩斯维尔页岩、马塞勒斯页岩、巴奈特页岩、费耶特维尔页岩和伍德福德页岩的典型气井产量递减曲线（Hughes，2013），在投产后的前3年，平均产气量下降了84%。图5.2为北达科他州的巴肯页岩和三叉（Three Forks）页岩的典型油井产量递减曲线（Hughes，2013）。在巴肯和三叉页岩油储层中，产量在第1年分别下降了71%和70%，在3年内分别下降86%和85%。在页岩储层中，油气采收率通常分别只保持在3%～10%和15%～25%。因此，近年来，注CO_2技术吸引了人们的广泛关注，成为提高页岩储层采收率的潜在方法。在巴肯储层开展几次注水和注CO_2现场试验（Sorensen等，2016），这些试验已经证明可以向各种岩相注水和注气。注水对石油产量提升没有明显改善，而注入CO_2后，观察到产量发生了变化，但这些变化与提高产量无关。这些结果表明，注入CO_2可以影响页岩储层中的流体流动，从而提高页岩储层的油气采收率（Sorensen等，2016）。要想制订有效的提高天然气采收率（EGR）和提高石油采收率（EOR）方法，并与注CO_2技术相结合，需要详细研究页岩储层中涉及的运移机理以及储层和裂缝条件。

一些报道表明，在地下条件下，页岩储层对CO_2的吸附能力高于页岩储层对CH_4的吸附能力，具体取决于有机物的热成熟度（Busch等，2008；Shi等，2008；Vermylen，2011）。页岩储层对CO_2的吸附能力较强，因此可以触发各种机理，从而解吸最初存在的CH_4并吸附和捕集可能导致温室效应的CO_2，如图5.3所示（Godec等，2014）。因此，在页岩储层中注入CO_2不仅有助于增加油气产量，而且有助于CO_2的地质封存，CO_2如果不被封存，会导致温室效应。虽然注CO_2在常规储层中很常见，但在页岩储层中表现会有所不同，因此需要准确地理解在CO_2注入过程中的流体流动和运移。

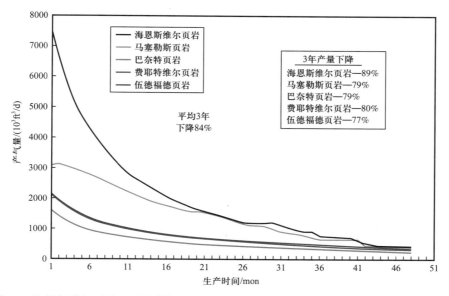

图 5.1　海恩斯维尔页岩、马塞勒斯页岩、巴奈特页岩、费耶特维尔页岩和伍德福德岩的典型气井产量下降曲线（据 Hughes J. D.，2013）

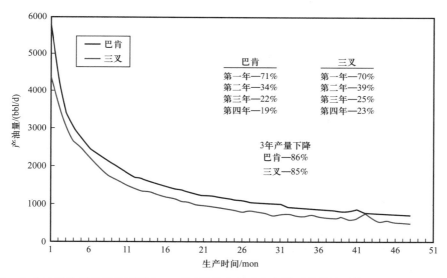

图 5.2　在北达科他州的巴肯页岩和三叉页岩的典型油井产量下降曲线（据 Hughes J. D.，2013）

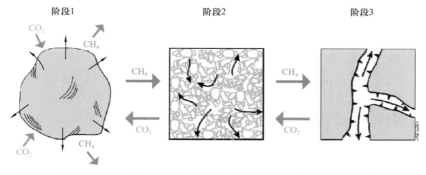

图 5.3　页岩气储层中 CO_2 和 CH_4 的流动动态示意图（据 Godec M. 等，2014）

已有大量研究工作分析了在页岩气储层中注入 CO_2 的影响。Schepers 等（2009）和 Kalantari-Dahaghi（2010）开展了页岩气储层中注入 CO_2 的可行性研究。Godec 等（2013；2014）进行了马塞勒斯页岩中注入 CO_2 的储层模拟研究。上述研究的模拟结果表明，在注入井和生产井之间保持理想井距的情况下，注 CO_2 可提高 7% 的产气量。Liu 等（2013）重点研究了在泥盆系和密西西比州新奥尔巴尼（New Albany）页岩气区带进行 CO_2 封存，他们发现，超过 95% 的注入 CO_2 以气体吸附为主要封存机制。这些研究用简单的页岩模型给出了 CO_2 注入潜力，而未考虑任何复杂的运移机制。Fathi 等（2014）模拟了页岩储层中 CO_2 和 CH_4 之间的多组分运移，包括 CO_2 注入过程中的竞争运移和吸附效应，但只考虑了 CO_2 吞吐法情形。Eshkalak 等（2014）研究了 CO_2 吞吐和 CO_2 驱替，并坚持认为 CO_2 吞吐工艺对 CO_2 提高天然气采收率来说不是一个可行的选项。然而，根据后文中提出的大量数值模拟结果，CO_2 吞吐法也可能成为提高天然气采收率的一个有用的方案，但具体效果取决于裂缝连通率和井间距。Jiang 等（2014）针对 CO_2 提高天然气采收率和 CO_2 封存工艺，研发了一种考虑页岩储层的朗缪尔吸附和变形的全耦合多连续体多组分模拟器。不过，在综合页岩储层模型中，他们只应用了裂缝的压力依赖渗透率，而没有全面考虑岩石力学效应。

人们对于在页岩油储层中注入 CO_2 是否可行还未达成共识，原因是有关页岩油储层的研究还处于早期阶段。一些研究人员尝试研究如何在页岩岩心室内实验中注入 CO_2。Kovscek 等（2008）和 Vega 等（2010）开展了注 CO_2 对硅质页岩影响的实验研究。结果表明，采收率的提高与裂缝面附近的气相分布密切相关，他们指出，在驱油实验中扩散和对流—扩散机制都具有重要意义。Vega 等（2010）以实验条件构建模拟模型，但无法得到实验结果完全相符的模拟结果。Hawshorne 等（2013）使用一小块巴肯页岩进行了 CO_2 吞吐实验，指出尽管巴肯储层中段渗透率超低，但几乎可以实现 100% 的采收率。Gamadi 等（2013，2014）和 Tovar 等（2014）开展了类似实验来研究页岩岩心重复吞吐注气，结果发现采收率增加了大约 10%～50%，具体取决于实验条件。在致密储层和页岩储层中注入 CO_2 的大量模拟研究表明，注入 CO_2 对提高采收率是有效的（Chen 等，2014；Pu 等，2015；Sheng，2015a，2015b；Yu 等，2015）。Ghorbae 等（2012）研究了基质和裂缝之间各组分的扩散交换，这种扩散交换对从裂缝储层基质中开采油气非常有利。为了评估分子扩散的重要性，他们使用一个组分模型模拟了室内实验，得出的结论是，如果忽略分子扩散作用，就会低估气体注入效率。在页岩储层中，分子扩散的影响更为显著，必须加以考虑，否则无法准确模拟 CO_2 提高采收率工艺。Alharthy 等（2015）使用巴肯数据进行了 CO_2 提高采收率实验室建模和储层建模，他们构建的数值模型与实验室采收率结果相符，并将模型扩展到现场应用中。但他们只考虑了 CO_2 吞吐法，但并未考虑除了分子扩散外的复杂的运移机制。Kalra 等（2018）和 Wan 等（2018）模拟了注入 CO_2 对提高页岩采收率的影响，但仅考虑了依赖压力的渗透率。Zhang 等（2018）利用单孔隙度模型研究了扩散、纳米孔限域和压力依赖性变形如何影响注入 CO_2 对提高页岩油储层采收率的效果。由于在页岩储层的纳米孔中观察到了限域效应，未考虑纳米孔限域效应，所提出的单孔隙度页岩油模型似乎并不完善。此外，由于页岩储层中天然裂缝的影响很显著，应考虑使用双孔隙度模型。

特别是近年来，虽然人们对页岩储层注 CO_2 的兴趣不断增长，但由于缺乏对复杂运移机制的考虑，对 CO_2 注入工艺的综合认知仍然不足。目前来看，需要综合考虑：依赖应力的压实机制与多种因素的相互作用，如吸附等温线、多组分和多层吸附、纳米孔限域、分子扩散及水力压裂系统复杂流动机制。在后文中，将提出一个综合性的页岩储层模型，用于评价 CO_2 注入效果，以 CO_2 驱替和 CO_2 吞吐法来评价页岩储层提高采收率和 CO_2 封存的可行性。针对巴奈特页岩气储层和巴肯页岩油储层，研究了在 CO_2 注入过程中依赖应力的压实作用、分子扩散和竞争吸附的影响。为了考虑页岩油储层中的真实水平井和水力压裂系统，文中使用了由压裂模拟器 GOH-FER（Barree 等，2015）生成的复杂水力压裂裂缝模型，并利用该复杂水力压裂裂缝模型研究了采用 CO_2 驱替的情况下裂缝特性对采收率的影响。最后，利用该模型进行一系列储层模拟，以便系统而全面地理解和评价页岩储层的 CO_2 注入效果。

一、页岩气储层

为了分析页岩气储层中注入 CO_2 的实际影响，使用了巴奈特页岩储层的数值模型。巴奈特页岩储层模型采用历史拟合技术生成，如第四章第二节所示。为了提升计算效率，使用所拟合的数值生成了简化的巴奈特页岩储层层段（$330 \times 510 \times 330 \text{ft}^3$），包括 2 口水力压裂水平井（图 5.4）。假设储层和天然裂缝都是均质的且水力压裂裂缝的性质相同，在多级压裂水平井中进行重复水力压裂，因此简化处理不会影响研究结果。假设储层是等温的，没有流动边界条件，因此可以按一个重复层段考虑。初始含水饱和度为 0.2，但水在基质中是不移动的。如图 5.5 所示，CO_2 吸附数据与 BET 等温线拟合优于其与朗缪尔等温线拟合，特别是在高压条件下。基于拟合结果，在模型中应用了 BET 等温线。为了分析岩石力学模型的影响，考虑了幂律相关性。

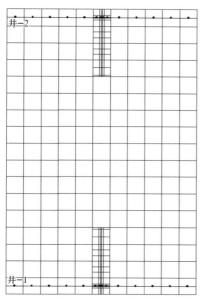

图 5.4　模拟 CO_2 注入过程的巴奈特页岩储层的分段模型

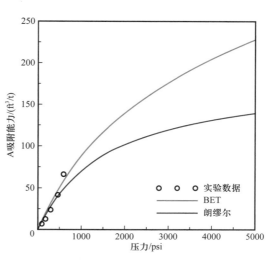

图 5.5　CO_2 吸附实验数据与朗缪尔和 BET 等温线的拟合曲线

针对巴奈特页岩模型，比较了3种情形（即CO_2驱替、CO_2吞吐及不注入CO_2），以分析注入CO_2对页岩储层的影响。在不注入CO_2的模型中，2口井都连续生产超过30年。在CO_2驱替模型中，2口水平井前5年正常生产，然后将CO_2以$100\times10^3 ft^3/d$的恒定速率注入一口井，而另一口井则继续生产。设置CO_2注入速率时要同时考虑CH_4产量和CO_2封存效率。在注入CO_2期间，注入井附近的压力增加到初始储层压力；由于受地下储层温压条件影响，注入的CO_2处于超临界状态；CO_2注入5年后，将CO_2注入井关井，另一口井再生产20年。在应用吞吐法的模型中，一次开采阶段持续5年；此后先将CO_2以$250\times10^3 ft^3/d$的速率注入2口井1个月，再浸泡1个月；然后2口井均生产4个月；以此循环重复6年，CO_2注入量与驱替情形相同。

为了分析注入CO_2对巴奈特页岩储层的影响，针对上述3种情形建立了巴奈特页岩CH_4产量模型（图5.6）。在注入CO_2的早期阶段，CO_2驱替法获得的CH_4产量低于未注入CO_2模型获得的CH_4产量，这是由于注入井和生产井之间的距离引起的一种短暂的现象。在生产井转注入井后，CO_2缓慢地流入生产井，CO_2开始慢慢影响CH_4产量。在开始注入后大约1年，观察到注入CO_2使CH_4产量增加。在注入CO_2的早期阶段结束后，CO_2驱替模型的CH_4产量迅速增加，并超过了未注入CO_2模型的CH_4产量。CO_2提高采收率主要得益于CO_2吸附诱导加压效应和CH_4解吸效应。注入CO_2引起的加压效应还会引起岩石变形，从而使渗透率增加。采用CO_2吞吐法模型的CH_4产量稳步增加。由于CO_2不能扩散到远处的储层，注入后会被立即采出，应用CO_2吞吐法的CH_4产量低于CO_2驱替情形。图5.6显示了在生产结束时，采用CO_2驱替法和CO_2吞吐法的模型获得的CH_4产量比未注入CO_2的模型获得的CH_4产量分别高24%和6%。

图5.7显示了巴奈特页岩模型在CO_2驱替法和CO_2吞吐法情形中的CO_2产量和封存量。2种情形都注入了相同数量的CO_2。在采用CO_2驱替法的情形中，只有1%的注入CO_2会产出，因此99%的注入CO_2在生产结束时仍封存在储层中；虽然在注入开始3年后观察到CO_2气窜，但CO_2产出率仍然极低。在采用CO_2吞吐法的情形中，75%的注入CO_2会产出，只有25%的注入CO_2被封存。由于在同一口井中循环注入和产出，CO_2不能扩散到远处储层，因此，与采用CO_2驱替法的情形相比，注入CO_2的产出比例更高，如图5.8所示。图5.9和图5.10针对CO_2驱替法和CO_2吞吐法情形的巴奈特页岩储层，提供了封存CO_2的分类：游离CO_2、吸附CO_2、溶解CO_2。如图5.9所示的CO_2驱替情形中，游离CO_2的数量在CO_2注入刚结束后最高，随着时间的推移，游离CO_2被压差和分子扩散效应驱替。这种游离CO_2部分吸附在岩石颗粒表面或溶解在水中，因此游离CO_2数量会减小。最终，在生产结束时，注入的CO_2以游离（42%）、吸附（55%）和溶解（3%）的状态封存。游离CO_2是可移动的，吸附CO_2和溶解CO_2是不可移动的，原因是分别被捕集在岩石颗粒表面和原生水中。捕集CO_2对封存很重要，原因是捕集到的CO_2的稳定性决定着CO_2能否长期封存。如果是CO_2驱替情形，58%的封存CO_2是被永久捕集。图5.10为CO_2吞吐法情形下的封存CO_2的分类。由于CO_2不能扩散远处的储层，在吞吐工艺结束后，所有状态的CO_2都会减少。在生产结束时，CO_2分别以游离（39%）、吸附（58%）和溶解（3%）状态封存。

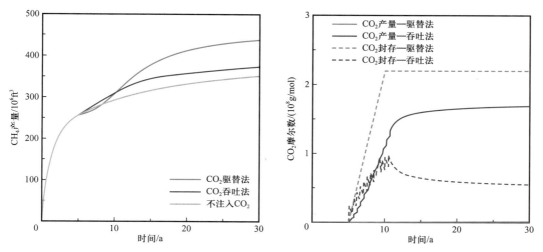

图 5.6　巴奈特页岩模型在 CO_2 驱替法、CO_2 吞吐法及不注入 CO_2 情形中的 CH_4 产量

图 5.7　在采用 CO_2 驱替法和 CO_2 吞吐法的情形下，巴奈特页岩模型 CO_2 产量和封存量

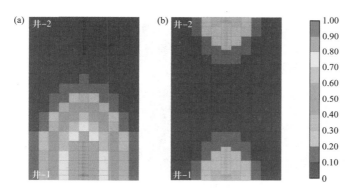

图 5.8　在 CO_2 注入 5 年后，采用 CO_2 驱替法（a）和 CO_2 吞吐法（b）模型获得的 CO_2 摩尔分数的分布

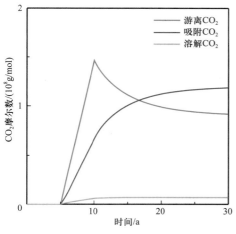

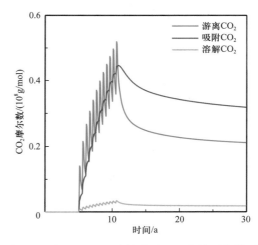

图 5.9　在 CO_2 驱替法情形下，巴奈特页岩模型中的游离 CO_2、吸附 CO_2 和溶解 CO_2

图 5.10　在 CO_2 吞吐法情形下，巴奈特页岩模型中的游离 CO_2、吸附 CO_2 和溶解 CO_2

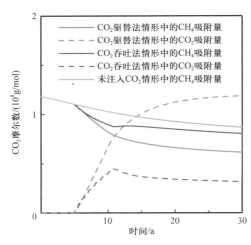

图 5.11 给出了巴奈特页岩模型在 CO_2 驱替法、CO_2 吞吐法和不注入 CO_2 情形中的 CH_4 吸附量和 CO_2 吸附量。红色、蓝色和绿色线分别表示 CO_2 驱替法、CO_2 吞吐法和不注入 CO_2 情形。实线和虚线分别表示 CH_4 吸附量和 CO_2 吸附量。在不注入 CO_2 的模型中,只有 26% 的初始吸附 CH_4 在开采过程中被解吸。相反,在 CO_2 驱替法和 CO_2 吞吐法情形中,CH_4 解吸是由 CO_2 的竞争性吸附引起的,初始吸附 CH_4 的解吸比例分别为 48% 和 32%。图 5.12 显示了巴奈特页岩模型在这 3 种情形下的 CH_4 吸附量分布,图 5.12(a)—(c)给出了 10 年后的 CH_4 吸附量。图 5.12(d)—(f)给出了模拟结束时的 CH_4 吸附量。在采用 CO_2 驱替法的模型中,早期有大

图 5.11 巴奈特页岩模型在 CO_2 驱替法、CO_2 吞吐法和不注入 CO_2 情形中的 CH_4 吸附量和 CO_2 吸附量

量 CH_4 在注入井附近解吸,而随着时间的推移,CO_2 会流向生产井,因此 CH_4 会在更大范围内解吸。然而在采用 CO_2 吞吐法模型中,CH_4 解吸仅发生在各个水力压裂裂缝附近的区域,因此 CH_4 的解吸量是很低的。换句话说,巴奈特页岩储层中采用 CO_2 驱替法时,CO_2 吸附量和 CH_4 解吸量较大。

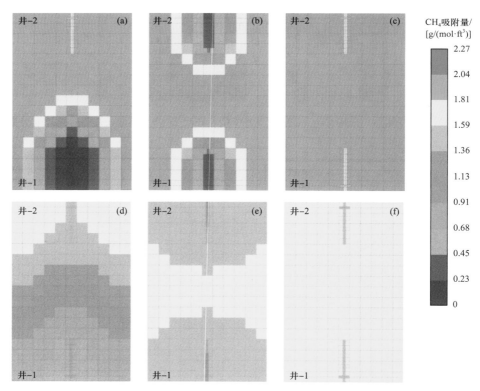

图 5.12 在 CO_2 驱替法、CO_2 吞吐法及未注入 CO_2 情形下,10 年和 30 年时的 CH_4 吸附量的分布
(a)CO_2 驱替法(10 年);(b)CO_2 吞吐法(10 年);(c)无注入 CO_2(10 年);(d)CO_2 驱替法(30 年);
(e)CO_2 吞吐法(30 年);(f)无注入 CO_2(30 年)

图 5.13 针对考虑和不考虑分子扩散的模型，分别给出了模拟结束时的 CO_2 摩尔分数。图 5.13（a）是考虑分子扩散的模型，表明 CO_2 在储层中的扩散范围比不考虑分子扩散的模型［图 5.13（b）］中的更大。这一结果表明，分子扩散使 CO_2 能够在超低基质渗透率条件下，顺利地驱替 CH_4。由于页岩储层的渗透率超低，其扩散效应远高于常规储层。因此，应该在页岩储层 CO_2 的注入模型中考虑扩散效应。

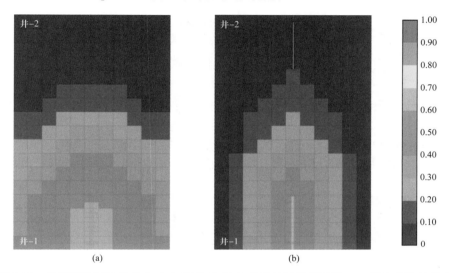

图 5.13　在模拟结束时考虑（a）和不考虑（b）分子扩散的模型的 CO_2 摩尔分数的分布

页岩储层中裂缝网络的连通率非常容易受到生产过程中应力和应变的变化的影响。因此，必须考虑生产过程中的岩石力学效应，才能准确地模拟页岩气储层的行为（Cho 等，2013）。为了计算岩石力学效应，在这个模型中应用了将依赖应力的渗透率与岩石力学相结合的方法。首先，使用幂律相关性计算依赖应力的特性。图 5.14 显示了巴奈特页岩模型在 CO_2 驱替法、CO_2 吞吐法和不注入 CO_2 的情形下，相邻井的天然裂缝渗透率的变化情况。在前 5 年，由于生产过程中压力的降低，渗透率迅速下降。在开始注入 CO_2 后，天然裂缝渗透率增加，直到注入停止，然后再次下降。岩石力学模型所描述的渗透率的增加对页岩储层中注入 CO_2 有积极的影响。如果是采用 CO_2 驱替法的情形，由于注入 CO_2 的加压作用，注入井附近的天然裂缝渗透率高于生产井附近的天然裂缝渗透率。CO_2 吞吐法情形下，天然裂缝渗透率的增幅低于 CO_2 驱替法的情形，甚至在生产井近也是如此，主要原因是 CO_2 吞吐法情形下的加压效应不明显。图 5.15 给出了各模型的平均储层压力，平均储层压力与渗透率变化有相关性。岩石力学对 CO_2 注入工艺有积极影响，特别是在采用 CO_2 驱替法的情形下，巴奈特页岩模型的渗透率显著升高。

图 5.16 展示了渗透率乘数与有效应力的关系。本文给出了仅考虑幂律相关性、幂律相关性与朗缪尔吸附耦合、幂律相关性与 BET 吸附耦合的模型结果。如图 5.17 所示，在考虑变形和吸附耦合作用的模型中，渗透率因解吸而增加、因吸附而降低。然而，与应力效应相比，吸附效应引起的渗透率变化较小，特别是在有效应力变化的一般范围内。图 5.17 还给出了在应力相关性中考虑 BET 吸附耦合时的 CH_4 产量，虽然吸附耦合引起了渗透率的变化，但与应力效应相比，吸附效应对渗透率的影响并不显著。因此，考虑和未考虑吸附对渗透率影响的模型之间的产量差异小于 1%。

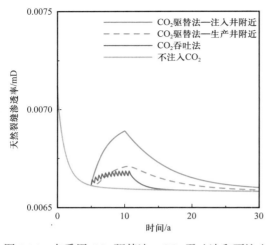
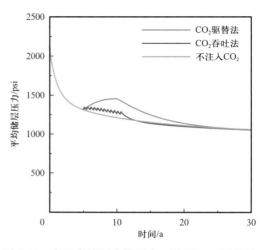

图 5.14 在采用 CO_2 驱替法、CO_2 吞吐法和不注入 CO_2 情形下的巴奈特页岩模型的天然裂缝渗透率

图 5.15 在巴奈特页岩模型中,采用 CO_2 驱替法、CO_2 吞吐法和不注入 CO_2 情形下的平均储层压力

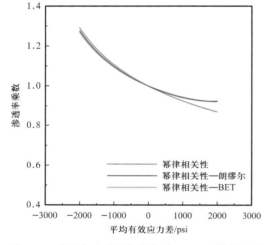
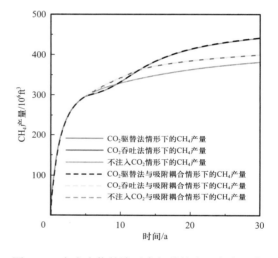

图 5.16 采用和未采用朗缪尔和 BET 吸附耦合的模型的应力依赖渗透率乘数

图 5.17 在应力依赖渗透率相关性中,考虑和未考虑吸附耦合的巴奈特页岩模型的 CH_4 产量模拟

由于页岩气储层和裂缝特性无法估算,具有较高的不确定性。因此,在 CO_2 注入工艺现场应用中,应认真研究储层和裂缝特性的影响。对 CH_4 产量和 CO_2 封存量进行了敏感性分析,表 5.1 列出了敏感性分析所使用的不确定性参数,包括基质孔隙度、基质渗透率、天然裂缝渗透率、水力压裂裂缝渗透率、水力压裂裂缝半长、杨氏模量和泊松比。图 5.18 显示了各参数对 CH_4 产量和 CO_2 封存量的影响。对于 CO_2 驱提高天然气采收率(CO_2-EGR)来说,天然裂缝渗透率、基质孔隙度和水力压裂裂缝半长都非常重要。生产井与注入井之间的裂缝系统的导通能力对提高天然气采收率(EGR)有积极的影响,因此,在页岩储层中现场应用 CO_2 注入工艺之前,需要提前对裂缝系统进行研究。杨氏模量对页岩变形有影响。由于页岩压实度高,随着杨氏模量的增加,CH_4 产量会降低。对于 CO_2 封存而言,与 CO_2-EGR 相比,不确定参数的影响较小。水力压裂裂缝半长、天然裂

缝渗透率和水力压裂裂缝渗透率相对重要。特别是水力压裂裂缝半长对 CO_2 封存量有不利影响，而对 CH_4 产量有积极影响。因此，应根据页岩气储层中 CO_2 注入的目标来考虑裂缝系统的影响。

表 5.1　巴奈特页岩气储层中 CO_2 注入的敏感性分析参数

不确定参数	最低	最高
基质孔隙度	0.04	0.07
基质渗透率 /mD	1×10^{-7}	1×10^{-5}
天然裂缝渗透率 /mD	0.001	0.01
水力压裂裂缝渗透率 /mD	10000	100000
水力压裂裂缝半长 /ft	30	210
杨氏模量 /psi	3000000	6000000
泊松比	0.2	0.3

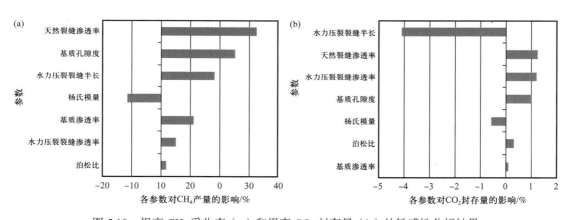

图 5.18　提高 CH_4 采收率（a）和提高 CO_2 封存量（b）的敏感性分析结果

二、页岩油储层

基于 Alharthy 等（2015）进行的 CO_2 吞吐实验和模拟，构建了巴肯页岩岩心模型，以研究 CO_2 注入对页岩的影响。在实验中，将一个巴肯页岩中段岩心放置在圆柱形提取容器的中心位置。基质周围的裂缝由岩心和提取容器壁之间的空间来描述。以 5000psi 的压力将 CO_2 注入进口阀中，并在整个实验过程中持续保持这个压力。关闭出口阀 50min，让注入的 CO_2 浸泡岩心，然后打开出口阀，产油 10min，这个循环重复了约 500min。在这个实验基础上，建立了一个数值岩心模型。图 5.19 展示了具有径向网络的岩心模型的示意图。红色单元格为提取容器中表示裂缝的空间，蓝色单元格表示巴肯岩心。岩心的孔隙度和渗透率分别为 0.08 和 0.043mD。岩心尺寸为长 3.68cm、直径 1.13cm。提取容器的长度和直径分别为 5.7cm 和 1.5cm。

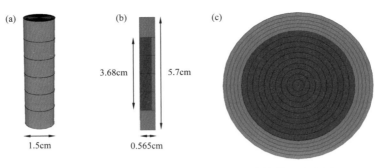

图 5.19 具有径向网格的巴肯页岩岩心数值模型示意图

使用这个岩心模型进行了历史匹配。为了研究分子扩散在巴肯地层中的作用，考虑了 3 种不同的扩散情形来匹配原油采收率数据（图 5.20）。使用 Wilke-Chang 公式和 Sigmund 公式和无分子扩散的模型，与实验原油采收率数据进行了匹配。在这些结果中，无分子扩散机制的模型匹配误差最大，而有分子扩散机制的模型匹配误差较小。这些结果表明，为实现精确的历史匹配，应考虑分子扩散。由于渗透性较差，页岩油储层中分子扩散对 CO_2 运移影响很大。在巴肯岩心的储层模型中，Wilke-Chang 公式比 Sigmund 公式表现出更精确的匹配结果。因此，应用 Wilke-Chang 公式模拟了巴肯储层模型中的分子扩散机制。在这个岩心模型中，进行了恒定速率注入 CO_2 的驱替试验，并与 CO_2 吞吐法的结果进行了比较（图 5.21）。在 CO_2 注入量相同的情况下，2 种方法都获得了相近的原油采收率。结果表明，CO_2 驱替法和 CO_2 吞吐法都具有提高页岩储层产量的潜力。

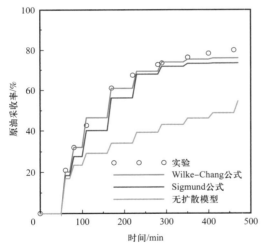

图 5.20 巴肯岩心模型中，实验原油采收率数据与 Wilke-Chang 公式，Sigmund 公式和无扩散模型的历史匹配结果

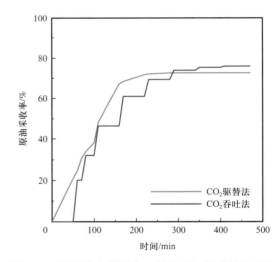

图 5.21 巴肯岩心模型中，采用 CO_2 驱替法和 CO_2 吞吐法两种情形下的原油采收率比较

为了分析在页岩油储层中注入 CO_2 的影响，建立了一个数值模型，该数值模型基于 Yu 等（2015）发布的巴肯地层的现场数据。为了降低计算成本，采用 2 口水平井和一级水力压裂建成巴肯储层层段（图 5.22）。这个储层层段尺寸设置为 $340 \times 900 \times 40 ft^3$，水力压裂裂缝间距和井间距分别为 80ft 和 900ft。在这个模型中，采用双孔隙度/双渗透率模

型生成了巴肯页岩的基质和天然裂缝系统。为了减少数值离散误差，采用局部网格细化技术建立了水力压裂裂缝网格。巴肯组储层和裂缝特性见表5.2。这个模型采用了Yu等（2015）提出的巴肯油田的典型流体特性。油重度约为42°API，为轻质油。巴肯原油含有7种不同的准组分包括CO_2、N_2、CH_4、C_2—C_4、C_5—C_7、C_8—C_9和C_{10+}；Yu等（2015）也提供了特定的流体特性。基于岩心测试的结果，采用Wilke-Chang公式来计算模型中的分子扩散。采用线弹性模型和应力相关的指数关联式来计算岩石力学效应，实验系数由Cho等（2013）获得。应力和应变的计算是通过质量守恒、位移方程的耦合来实现，而渗透率则根据应力变化的情况通过乘数进行计算。

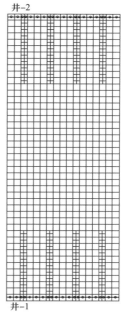

图5.22 巴肯储层模型示意图

在巴肯模型中，应用CO_2驱替法和CO_2吞吐法评估产油量和CO_2封存量。在一次采油阶段的前5年期间，2口水平井同时产油。一次采油阶段结束后，在CO_2驱替模型中，向其中一口井注入CO_2，而另一口井继续生产油气。在CO_2注入1年后，注入井关井，另一口井再生产9年。在CO_2吞吐工艺中，一次采油阶段结束后，2口井均注入CO_2。在CO_2注入1个月后，2口井均关井1个月进行浸泡，然后生产4个月。作为一个CO_2吞吐循环，连续重复了6年。在2种方法中，总注入CO_2量相同。

表5.2 巴肯页岩储层模型的储层与裂缝特性

储层压力/psi	8000
储层温度/°F	240
基质孔隙度	0.07
基质渗透率/mD	0.01
总压缩系数/psi^{-1}	1×10^{-6}
水力压裂裂缝渗透率/mD	50000
水力压裂裂缝宽度/ft	0.001
水力压裂裂缝半长/ft	210
水力压裂裂缝高度/ft	40

在提出的巴肯储层模型中，分析了CO_2注入对提高原油采收率和CO_2封存量的影响。图5.23显示了采用CO_2驱替法、CO_2吞吐法和不注入CO_2情形下巴肯模型的采收率。在CO_2注入的早期阶段，采用CO_2吞吐法的采收率高于采用CO_2驱替法的采收率。在采用CO_2吞吐法的模型中，在第一个循环后立即观察到原油采收率提高。而对于采用CO_2驱替法的模型，存在未进行压裂区域，不受注入井和生产井之间的水力压裂的影响，因此观察

到采收率提高的速度缓慢。然而，经过 CO_2 注入 3 年后，采用 CO_2 驱替法后的采收率超过了采用 CO_2 吞吐法的采收率。在模拟结束时，采用 CO_2 驱替法和 CO_2 吞吐法模型的采收率分别为 13.9% 和 12.6%。与一次采油相比，采用 CO_2 驱替法和 CO_2 吞吐法的采收率分别提高了 31.7% 和 20.0%。根据图 5.24，尽管 CO_2 注入量相同，但在应用 CO_2 驱替法、CO_2 吞吐法的情形下，CO_2 产量和封存量存在显著差异。当模拟结束时，在 CO_2 驱替法模型中只有少量注入 CO_2 被产出，而在 CO_2 吞吐法模型中，注入的 CO_2 有 37% 被产出。因此，大部分注入 CO_2 采用驱替法进行封存，而如果采用 CO_2 吞吐工艺，注入 CO_2 仅有 63% 能够实现封存。在这个巴肯模型中，由于未进行压裂的面积较大，大量 CO_2 无法到达生产井，大部分 CO_2 封存在储层中。而如果采用 CO_2 吞吐法，由于 CO_2 注入、浸泡和生产周期在一个较短周期内进行，CO_2 无法扩散到未压裂区域内。因此，在巴肯油藏中，CO_2 驱替法在产油量和 CO_2 封存量方面比吞吐法更有效。

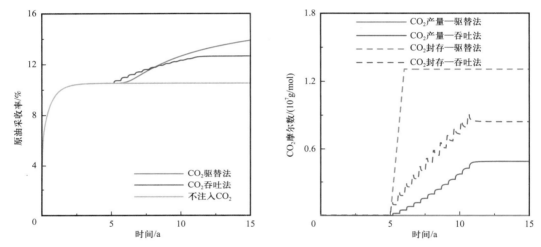

图 5.23　在巴肯模型中，应用 CO_2 驱替法、CO_2 吞吐法和不注入 CO_2 情形下的原油采收率

图 5.24　在巴肯模型中，应用 CO_2 驱替法、CO_2 吞吐法情形下的 CO_2 产量和封存量

考虑到页岩油储层中烃组分与 CO_2 之间的扩散运移，在这个模型中考虑了分子扩散。利用 Wilke-Chang 关联式模拟了巴肯油模型中的分子扩散机制。图 5.25 展示了当采用 CO_2 驱替法时，CO_2 注入 2 年后裂缝和基质网络中的分子扩散决定了 CO_2 的摩尔分数分布。图 5.25（a）、（b）显示了无分子扩散的裂缝和基质网络模型，图 5.25（c）显示了考虑分子扩散的模型。如图 5.25（a）所示，在未考虑分子扩散的情况下，CO_2 过量流过裂缝网络。在基质中，在注入井附近仅有很小的流动，CO_2 不能流到生产井 [图 5.25（b）]。当考虑 Wilke-Chang 分子扩散时，CO_2 能够顺利运移，如图 5.25（c）所示。在考虑分子扩散的模型中，CO_2 在裂缝和基质网络中的分布几乎相同。在裂缝网络中，CO_2 在无分子扩散的模型 [图 5.25（a）] 中比在考虑分子扩散的模型 [图 5.25（c）] 中流动更快。在没有 Wilke-Chang 关联式的模型中，通过基质的扩散可以忽略，因此原油采收率较低。结果表明，分子扩散可提高 CO_2 在低渗透率基质中的驱替效率。由于页岩油储层渗透率较低，扩散效应比常规油层更为显著。因此，在模拟页岩油储层注入 CO_2 时，应考虑分子扩散机制。

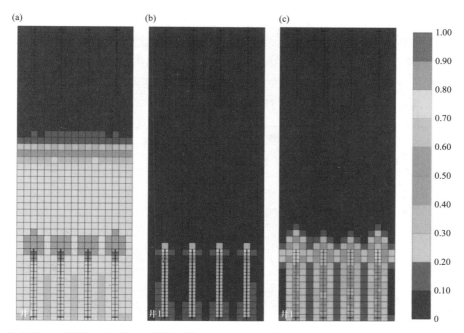

图 5.25 在实施 CO_2 驱替 2 年后,在裂缝网络(a、b)和基质网络(a、c)中,无分子扩散机制模型(a)和具有分子扩散机制模型(b、c)的 CO_2 摩尔分数

页岩储层的岩石和裂缝性质对生产和注入过程中的应力和应变变化非常敏感。考虑到这些性质的变化,应在页岩储层模型中模拟应力依赖变形(Cho 等,2013)。采用指数关联式计算了巴肯模型中的应力依赖变形。图 5.26 为采用 CO_2 驱替法、CO_2 吞吐法和不注入 CO_2 情形下的天然裂缝渗透性的变化。在一次采油阶段,由于压力降低,天然裂缝渗透率迅速降低了约 30%。开始注入 CO_2 后,天然裂缝渗透率在注入期间增加,然后再次下降。当采用 CO_2 驱替法时,平均压力升高(图 5.27),由于加压效应,天然裂缝渗透率增加(图 5.26),这种效应在靠近注入井的区域比靠近生产井的区域更明显。采用 CO_2 吞吐法情形下的天然裂缝渗透率增加幅度较 CO_2 驱替法情形下小,这是因为大部分注入的 CO_2 在注入后立即排出。应力依赖变形引起的天然裂缝渗透率增加对原油产量起到积极作用。结果表明,在巴肯储层 CO_2 驱替过程中的岩石力学效应十分显著。

为了分析水平井和水力压裂裂缝在实际现场中的效果,构建了带水力压裂模拟器的数值模型。基于现场测井和地质数据,采用 GOHFER(一种水力压裂模拟软件,用于模拟和分析水力压裂过程)以帮助工程师评估水力压裂设计的效果并优化油井生产。Barree 等(2015)模拟了水力压裂裂缝,在这个模型中,共钻了 5 口水平井,总共分 6 个压裂阶段,每个阶段允许进行 4 次射孔,射孔间距为 150ft。如图 5.28 所示,通过建立尺寸为 3550ft×5150ft×490ft 的异质性储层模型,对页岩油储层进行模拟。初始储层压力和温度分别为 4050psi 和 250°F,储层渗透率和孔隙度范围分别为 0.001~0.028mD 和 0.047~0.112,产生的水力压裂裂缝半长为 160~320ft。

在这个页岩油储层中,对 CO_2 驱油的效果进行了研究。由于这种模型的计算成本极高,因此只考虑了这个页岩油储层的部分区域,其中包括 3 口开展水力压裂的水平井。为了研究不同水平井、水力压裂裂缝和储层特性的影响,对 6 种模型进行了模拟。模型 1 和模型 2 包括井 1、井 2 和井 3，模型 3 和模型 4 包括井 2、井 3 和井 4，模型 5 和模型 6 包括井 3、井 4 和井 5。模型 1、模型 3、模型 5 为巴肯储层上段，模型 2、模型 4、模型 6 为巴肯储层下段。例如，在图 5.28 中模型 1 和模型 2 分别用红线和黄线标记。在第 1 年的一次采油期间，每口水平井都有原油产出。一次采油期结束后，向每个模型中间的水平井注入 CO_2，两侧的水平井则继续进行产油 1 年。

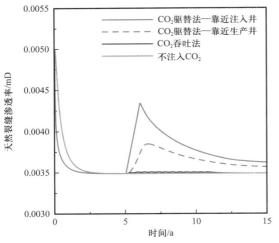

图 5.26 在巴肯模型中，在应用 CO_2 驱替法、CO_2 吞吐法和不注入 CO_2 情形下的天然裂缝渗透率变化

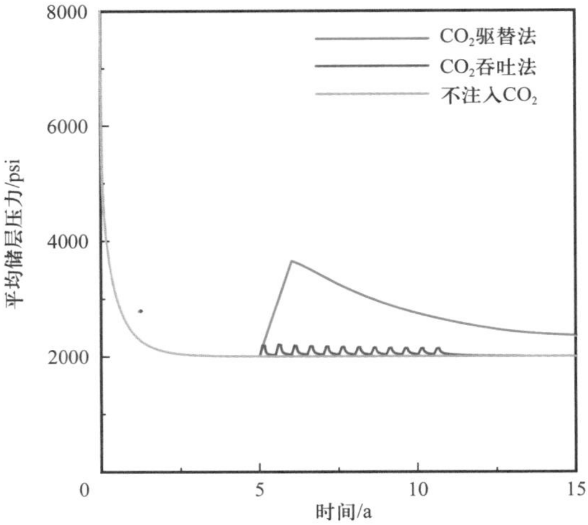

图 5.27 在巴肯模型中，在应用 CO_2 驱替法、CO_2 吞吐法和不注入 CO_2 情形下的平均储层压力

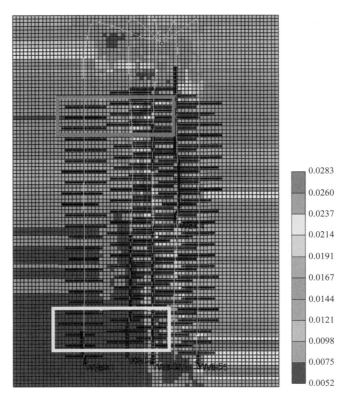

图 5.28 带渗透率网格的页岩油储层模型

图 5.29—图 5.31 展示的是模型 1—模型 6 在采用和未采用 CO_2 注入情形下的采收率。结果显示，CO_2 注入后，模型 1—模型 6 的采收率分别提高了 21%、6%、29%、18%、9% 和 28%。由于这些模型中水力压裂裂缝的连通性，大多数模型在注入 CO_2 后，会立即观察到原油采收率提高。其中，模型 2 的采收率提高速度缓慢且改善效果最低，这是因为：模型 2 中，1 号井和 2 号井之间的井距为 1100ft，是该模型中最长的井距；模型 2 中 1 号井的水力压裂裂缝半长与另一部分相比较短，导致模型 2 中水力压裂裂缝之间的连通性较低；此外，如图 5.28 所示，该模型的储层渗透率也较小。如图 5.32 所示，与 3 号井相比，1 号井的 CO_2 注入效果不明显。如图 5.31（a）所示，模型 5 的采收率提高幅度也较低。模型 5 展示了包括 3 号井、4 号井、5 号井在内的巴肯储层上段。与模型 2 相比，模型 5 具有较高的水力压裂裂缝连通性和较高的基质渗透率，该模型采收率较低的原因是水力压裂裂缝渗透率低。由于该区域存在岩石力学问题，水力压裂工艺的应用效果不佳，水力压裂裂缝的渗透率低于其他裂缝。因此，为了能在页岩储层中实际应用 CO_2 注入工艺，准确了解水平井、水力压裂裂缝、地质特性以及各种具体机制具有重要意义。

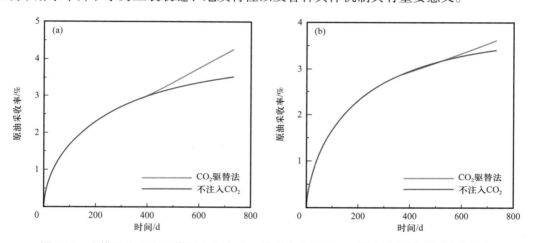

图 5.29 在模型 1（a）和模型 2（b）中，采用和未采用 CO_2 注入法的模型原油采收率

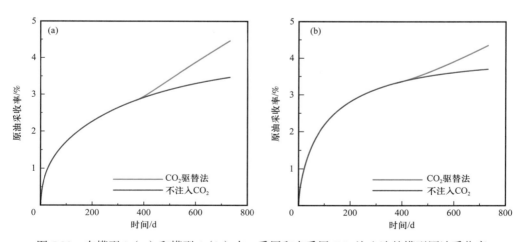

图 5.30 在模型 3（a）和模型 4（b）中，采用和未采用 CO_2 注入法的模型原油采收率

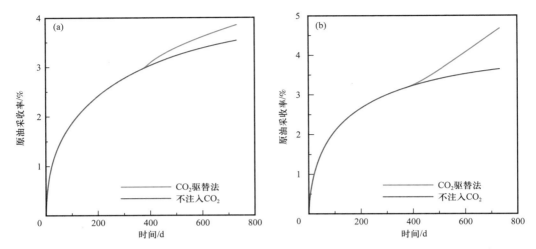

图 5.31 在模型 5（a）和模型 6（b）中，采用和未采用 CO_2 注入法模型的原油采收率

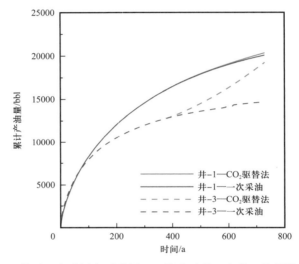

图 5.32 模型 2 中采用和不采用 CO_2 注入法井 1 和井 3 的累计产油量

第二节 页岩储层模拟中考虑有机物因素

在石油工业中，已经对页岩油气藏进行了各种模拟。这些模型的主要关注点包括基质的低渗透率和低孔隙度、天然裂缝系统的渗透率和间距，以及水力压裂裂缝的高度、宽度、间距、半长和渗透率，目前还考虑了吸附、非达西流和应力依赖变形等具体机制。众所周知，在页岩储层中，最重要的是水力压裂裂缝的准确表征，因此许多石油公司聚焦水力压裂裂缝的分析，包括这些特性和机制在内的数值模型在一定程度上呈现了适当的结果。然而，如第二章和第三章所述，非常规页岩储层比其他行业油气储层模型更为复杂，应充分考虑页岩储层从纳米级到宏观尺度系统的流动机制，如图 5.33 所示（Zhang 等，2017）。特别是近年来，页岩储层中有机质的影响引起了广泛关注。

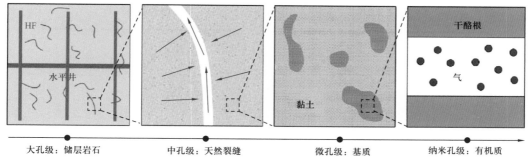

图 5.33 从页岩储层纳米级孔到大孔级系统来的流体流动（据 Zhang W. 等，2017）

有研究人员指出，页岩基质的孔隙结构是明显相关的，由有机孔隙（如干酪根、沥青）及无机孔隙组成（Ko 等，2017，2016；Loucks 等，2012；Pommer 等，2015；Zhang 等，2017）。有机孔隙一般为纳米级，而无机孔隙的范围是从纳米级到微米级。因此，有机孔隙和无机孔隙中的主要运移机制可能是不同的。根据近期一项研究成果（Hao 等，2015），吸附和解吸不是主要发生在无机质中，而是主要发生在有机物中。根据 Akkutlu 等（2012）对富有机质页岩岩心进行的实验，有机质中的解吸、扩散和溶解主导了页岩岩心中的气体流通过程。有机质中的纳米级孔隙为烃类储存和运移提供了丰富的空间。此外，有机孔隙的孔隙度和渗透率与无机孔隙不同。有机质的岩石力学特性也不同于无机物。页岩储层的总有机碳（TOC）至少为 2%，可能会超过 10%～12%。因此，页岩储层中有机质的影响不可忽视，将有机质与无机物区分开来，更有利于实现页岩储层的准确建模。由于目前大多数常规模拟器均使用简单基质模型，而没有考虑有机质，不足以解释页岩基质中的流体流动（Li 等，2014）。在后文中，将介绍有机质在页岩储层中的影响。

有机质和无机物的孔隙系统存在显著差异。有大量研究成果可以评价和区分有机孔隙和无机孔隙的特性（Loucks 等，2012；Bernard 等，2012a，2012b；Milliken 等，2013；Löhr 等，2015）。由于页岩储层孔隙系统的多样性和不确定性，目前仍未达成共识。一般来说，有机质和无机物的孔隙度都高度依赖于储层的成熟度。随着热成熟度的增加，无机物、伴生矿物孔隙度由于成岩作用而降低，如压实、胶结和沥青填充（Hu 等，2017）。有机孔隙的大小和孔隙度先随着热成熟度的增加而增大，原因是有烃类生成并从有机物中排出，进而发生二次裂解（Modica 等，2012；Milliken 等，2013；Curtis 等，2012；Pommer 等，2015；Hu 等，2017）。在过成熟后期，有机孔隙随成熟度增加而降低，原因是过成熟条件会导致后来的孔隙塌陷（Milliken 等，2013；Hu 等，2017）。图 5.34 显示了马塞勒斯页岩、鹰滩页岩和五峰组—龙马溪组页岩的基于镜质组反射率的伴生矿物孔隙度和有机孔隙度（Hu 等，2017）。Mastalerz 等（2013）也提出，新奥尔巴尼页岩内的微孔、中孔和大孔的相对特性由于烃类生成和运移随着热成熟度水平增加而发生变化。Hu 等（2015）研究成果表明，在人工熟化系统中，中孔（特别是直径为 2～6nm 的孔隙）随着热成熟度水平的增加而增加。在有机质中，以孔隙为主的储层（如巴奈特页岩、马塞勒斯页岩、伍德福德页岩、五峰组—龙马溪组页岩）（Hu 等，2017；Lohr 等，2015；Loucks 等，2013）有机孔隙度和孔隙尺寸随着总有机碳（TOC）的增加而先增加后减小。

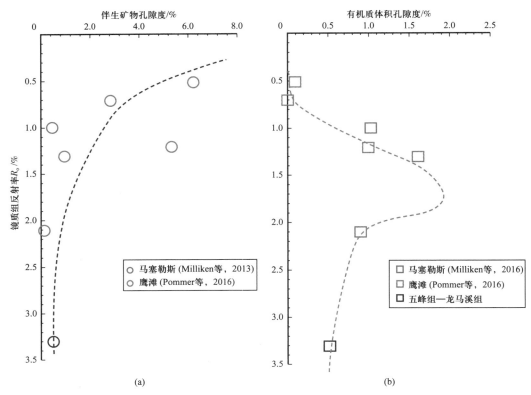

图 5.34 马塞勒斯页岩、鹰滩页岩和五峰组—龙马溪组页岩的伴生矿物孔隙度和有机孔隙度
（据 Hu H. Y. 等，2017）

根据 Ross 等（2009）的研究成果，吸附能力随着总有机碳（TOC）增加和含水量降低而增加。水分子吸附在特定的亲水性位点上，CH_4 分子吸附在其他可用的吸附位点上。一般来说，具有亲水性的黏土矿物降低了烃类的吸附能力，而具有疏水性的有机质则为烃类的吸附提供了位点。先前的一些研究结果发现，CH_4 吸附能力与页岩储层中总有机碳（TOC）呈正相关（Lu 等，1995a；Ross 等，2007；CuiBustin 等，2009）。Strapoc 等（2010）提出，页岩岩心解吸产生的总气体含量与有机含量呈正相关，这是新奥尔巴尼页岩的天然气地质储量形成的主要原因。Ross 等（2009）观察到，CH_4 吸附量随着总有机碳（TOC）和微孔容积的增加而增加，微孔容积小于 2nm。结果表明，在有机质中占主导的微孔隙度是影响 CH_4 吸附的主要因素。Zhang 等（2012）提出了大块页岩岩心以及从大块页岩岩心分离出来的干酪根的 CH_4 具有吸附特性。在不同温度下，对 2 个样品进行了大量的 CH_4 吸附实验。图 5.35 给出的是富有机质页岩岩心与其分离出来的干酪根之间的对比（Zhang 等，2012），分离出来的干酪根中的 CH_4 吸附量大于大块岩心样品的 CH_4 吸附量，这些结果表明，CH_4 吸附只发生在有机质上。在大块样品和分离干酪根样品中，CH_4 吸附量与总有机碳（TOC）呈正比。结果表明，有机物的吸附和解吸在页岩储层封存中起着重要作用。换句话说，气体吸附能力随着总有机碳（TOC）含量的增加而增加。此外，干酪根类型影响朗缪尔压力，朗缪尔压力是对应于一半朗缪尔体积的压力。热成熟度影响了低压条件下富有机页岩的气体吸附能力。因此，应考虑吸附/解吸机制，这一点与无机物不同。

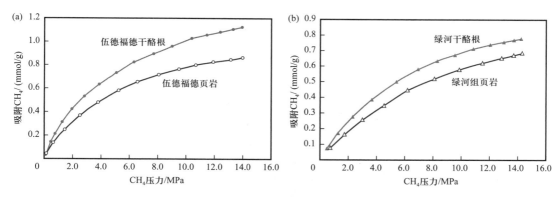

图 5.35 大块页岩岩心及其分离出来的干酪根的甲烷吸附能力的比较（据 Zhang T. 等，2012）

有机质的岩石力学特性也与无机物不同。由于大量赋存，有机质对页岩力学行为有着显著影响。然而，目前对有机质力学特性的研究工作仍然很少。Aoudia 等（2010）和 Kumar 等（2012）提出了总有机碳与页岩的杨氏模量呈反比。根据 Han 等（2016）的研究成果，干酪根的抗拉强度比页岩高一个数量级。其拉伸行为显示出应变软化特征（图 5.36），这对富含干酪根的页岩中的水力压裂裂缝有严重影响。Khatibi 等（2018）提出了一种利用拉曼光谱测量有机质力学特性的方法，拉曼光谱是分子结构和化合物的函数。结果表明，页岩中有机物是最不坚硬的成分。页岩中的有机质表现出强化效应，因此富有机质的页岩储层需要

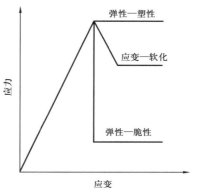

图 5.36 岩体可能遇到的破坏机制

更高的注入压力或水力压裂压力。有机质在加载条件下的应变软化行为表明，富有机质页岩沿裂缝的抗拉强度不会像无机质页岩那样降低。为了准确地模拟页岩储层，还应考虑有机质的力学特性。

一些成像测量结果显示，页岩孔隙网络由有机质、无机物和天然裂缝组成，然而关于复杂几何形状的流动机制的研究工作仍处于早期阶段。近期出现了一些对页岩储层中包括有机质在内的复杂几何结构影响的模拟研究。Khoshghadam 等（2016）考虑了 4 种不同的孔隙度系统，进行了综合模拟研究，这 4 种孔隙度系统具有鲜明的特征，例如：页岩基质中的有机物和无机物，富液页岩储层中的天然和水力压裂裂缝。他们坚持认为，4 个孔隙度系统的连通性和相对渗透率较大，且它们的不确定性对于模拟富液页岩储层中的流体流动是至关重要的。

如图 5.37 所示，Khoshghadam 等（2016）将页岩基质划分为有机孔隙和无机孔隙。绿色和红色块表示有机孔隙，灰色块表示无机孔隙。他们进一步将有机质划分为小于 10nm 的孔隙（绿色块）和大于 10nm 的孔隙（红色块）。在有机物和无机物中，孔隙度、渗透率、初始水饱和度和可压缩性等特性都是不同的。Khoshghadam 等（2016）根据孔隙的基本特性，假设有机物比无机物具有更高的孔隙度和更低的渗透率（Honarpour 等，2012）。渗透率—孔隙度—孔喉尺寸的关系表明，渗透率与孔隙度乘以孔喉尺寸的平方呈正比（Nelson 等，2006）。根据 Carman-Kozeny 方程（Kozeny，1927；Carman，

1937，1956），渗透率随着孔隙尺寸的增加而增加。各种研究成果表明，每个页岩储层都具有特定的特征，因此需要对页岩储层的地质特征进行深入的研究，才能建立精确的模型。

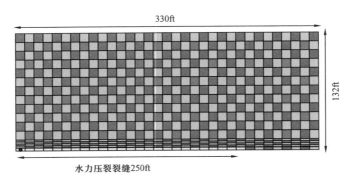

图 5.37　考虑不同孔隙度系统的页岩储层模型的示意图（据 Khoshghadam M. 等，2016）

　　Khoshghadam 等（2016）还考虑了临界气饱和度的增强。原油气体分子的释放由以下过程组成，如成核、气泡生长、聚结和大量气相形成（Honarpour 等，2012）。为了建立一个液相通过的稳定流径，气体需要达到临界饱和度。在高渗透率地层中，临界气体饱和度较低，原因是孔隙尺寸较大，且需要用气体分子填充的孔隙比例较低（Chu 等，2012）。纳米级孔隙的渗透率和孔隙尺寸都很小。由于孔隙尺寸较小，气泡具有较大曲率，因此液相和气相之间需要更大的压差。气相应达到更高的饱和度，以维持稳定和可移动的气泡。一般来说，有机孔隙多为亲油的，初始含水饱和度低；无机孔隙多为亲水的或亲水亲油的，初始含水饱和度高。即使无机孔隙通常具有非均质混合润湿性，Khoshghadam 等（2016）为了简化起见，假设无机孔隙是亲水的。由于有机孔隙的尺寸小，有机孔隙网络的高临界气体饱和度、高剩余油饱和度、高科里（Corey）指数用于与无机孔隙网络进行比较，Khoshghadam 等（2016）提出了相对渗透率函数和临界气体饱和度是多相富液页岩油储层的重要参数。虽然临界气体饱和度和相对渗透率与生产早期阶段的其他因素相比可能并不重要，但两者将在后期发挥重要作用。这是因为在早期阶段，储层压力高于泡点压力，储层表现为单相流动，而后期储层压力低至饱和压力以下，储层表现为两相流动。

　　此外，Khoshghadam 等（2016）考虑了有机纳米孔中相态行为的约束效应，压裂储层体积中天然裂缝与水力压裂裂缝相距远近而导致的渗透率变化，以及岩石压实效应。模拟结果表明：富液页岩储层的油气产量表现出基于复杂孔隙网络、热成熟度水平、储层流体挥发性和水力压裂的复杂动态。然而，在他们的研究结果中表明，有机孔隙对富液页岩储层的产量影响不大。为了准确地模拟页岩储层中的有机质，需要更详细的有机质信息。如前所述，有机质的吸附能力和岩石力学特性及水力特征都需要进行明确的研究和应用。

　　如第三章所述，有机物中的气体运移偏离了达西流。在页岩储层的微米级和纳米级孔隙基质中，达西定律无法充分重现气体流动。由于小孔隙尺寸与平均自由程相当，克努森扩散占主导地位。另一方面，在无机孔隙和裂缝等大孔隙处，克林肯伯格滑移流动控制着流动机制。一些作者（Azom 等，2012；Darabi 等，2012；Javadpour 等，2007，

2009；Singh 等，2014，2016）提出了考虑纳米孔隙基质中气体输送机制，如克努森流动、翻转流动和气体吸附的表观渗透率。Yuan 等（2014）研究了页岩实验中 CH_4 储存和扩散效应，他们提出了大孔和微孔中的主要运移机制分别是菲克扩散和克努森扩散。Sheng 等（2015）和 Pang 等（2017）还提出，滑移方面的表面扩散主要由扩散系数和孔隙尺寸主导。

为了建立页岩储层中流体流动的分析模型，科学家们进行了各种研究工作。表 5.3 给出了以往页岩储层流量分析模型的比较（Fan 等，2017）。在表 5.3 中，PSS 和 TR 分别表示拟稳态和瞬态。Fan 等（2017）研发了复杂孔隙系统的分析模型，考虑有机质、无机黏土、诱导裂缝和水力压裂裂缝中的综合运移机制，他们考虑了有机质中的气体扩散和解吸、无机物和裂缝中的滑移流动、从基质到诱导裂缝的瞬态达西流、诱导裂缝和水力压裂裂缝中的达西流、诱导裂缝中的迂曲度及压力依赖渗透性。此外，他们还应用分析模型，在现场尺度上进行了历史拟合和预测。

表 5.3 页岩储层中的分析流量模型的比较（据 Fan D. 等，2017）

作者	压裂储层体积（SRV）内的扩散	有机质内扩散	吸附	岩石力学
Stalgorova 和 Mattar（2013）	正常	—	—	—
Wang，Shahvali 和 Su（2015）	异常	—	—	—
Albinali 和 Ozkan（2016）	异常	—	—	—
Tabatabaie，Pooladi-Darvish，Mattar 和 Tavallali（2017）	正常	—	—	指数
Chen，Liao，Zhao，Dou 和 Zhu（2016）	正常	拟稳态	朗缪尔	指数
Fan 和 Ettehadtavakkol（2017）	异常	瞬态	朗缪尔	指数

图 5.38 给出的是页岩储层分析模型的流量示意图（Fan 等，2017）。在整个储层中，根据导流能力，流动区分为水力压裂裂缝区（HF）、压裂储层体积区（SRV）和未压裂储层体积区（USRV）[图 5.38（a）]。在压裂储层体积（SRV）中，大块基质被划分为有机基质、有机孔隙、无机基质和无机孔隙 [图 5.38（c）]。在有机基质和孔隙中，扩散和解吸机制占主导地位。有机基质和有机孔隙中的控制扩散系数的公式为

$$\frac{\partial^2 C_{kD}}{\partial z_D'^2} = \lambda_k \frac{\partial C_{kD}}{\partial t_D} \tag{5.1}$$

$$\frac{\partial^2 C_{pD}}{\partial y_D'^2} + \frac{1}{h_{kD}^2}\frac{\partial^2 C_{pD}}{\partial z_D'^2} = \lambda_p \frac{\partial C_{pD}}{\partial t_D} \tag{5.2}$$

式中　C——浓度；

　　　y'、z'——有机质中的坐标；

　　　λ——窜流系数；

　　　h——厚度；

　　　p、k 和 D——有机孔隙、有机基质（干酪根）和无量纲。

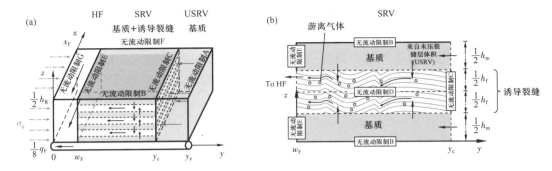

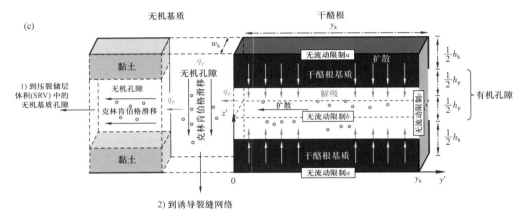

图 5.38　在整个储层（a）和压裂储层体积（b）(SRV) 和富有机基质内的分析页岩储层模型（c）的流量示意图（据 Fan D. 等，2017）

根据气体浓度梯度的不同，有机基质中溶解的气体扩散到地下有机孔隙中。用 Fick 第二定律计算了有机基质和孔隙中的瞬态扩散。如果生产过程中孔隙压力降低，有机基质上的吸附气体开始解吸。未压裂储层体积（USRV）内控制扩散系数方程、压裂储层体积（SRV）内的基质、压裂储层体积（SRV）内的诱导裂缝网络和水力压裂裂缝（HF）的控制扩散系数公式所示：

$$\frac{\partial^2 \psi_{\mathrm{UD}}}{\partial y_{\mathrm{D}}^2} - \gamma_{\mathrm{D}} \left(\frac{\partial \psi_{\mathrm{UD}}}{\partial y_{\mathrm{D}}} \right)^2 = \omega_{\mathrm{f}} \mathrm{e}^{\gamma_{\mathrm{D}} \psi_{\mathrm{UD}}} \left(\frac{1}{\eta_{\mathrm{mD1}}} \frac{\partial \psi_{\mathrm{UD}}}{\partial t_{\mathrm{D}}} - \frac{1}{\eta_{\mathrm{mD2}}} \frac{1-\omega_{\mathrm{m}}}{\lambda_{\mathrm{p}} \omega_{\mathrm{m}}} \frac{\partial C_{\mathrm{pD}}}{\partial y'_{\mathrm{D}}} \bigg|_{y'_{\mathrm{D}}=0} \right) \quad (5.3)$$

$$\frac{\partial^2 \psi_{\mathrm{mD}}}{\partial z_{\mathrm{D}}^2} + h_{\mathrm{mD}}^2 \frac{\partial^2 \psi_{\mathrm{mD}}}{\partial y_{\mathrm{D}}^2} - \gamma_{\mathrm{D}} \left[\left(\frac{\partial \psi_{\mathrm{mD}}}{\partial z_{\mathrm{D}}} \right)^2 + h_{\mathrm{mD}}^2 \left(\frac{\partial \psi_{\mathrm{mD}}}{\partial y_{\mathrm{D}}} \right)^2 \right]$$
$$= \omega_{\mathrm{f}} h_{\mathrm{mD}}^2 \mathrm{e}^{\gamma_{\mathrm{D}} \psi_{\mathrm{mD}}} \left(\frac{1}{\eta_{\mathrm{mD1}}} \frac{\partial \psi_{\mathrm{mD}}}{\partial t_{\mathrm{D}}} - \frac{1}{\eta_{\mathrm{mD2}}} \frac{1-\omega_{\mathrm{m}}}{\lambda_{\mathrm{p}} \omega_{\mathrm{m}}} \frac{\partial C_{\mathrm{pD}}}{\partial y'_{\mathrm{D}}} \bigg|_{y'_{\mathrm{D}}=0} \right) \quad (5.4)$$

$$\frac{\partial^2 \psi_{\mathrm{fD}}}{\partial y_{\mathrm{D}}^2} + \frac{1}{h_{\mathrm{mD}}^2} \frac{\partial^2 \psi_{\mathrm{fD}}}{\partial z_{\mathrm{D}}^2} - \frac{\theta}{y_{\mathrm{D}}} \frac{\partial \psi_{\mathrm{fD}}}{\partial y_{\mathrm{D}}} - \gamma_{\mathrm{D}} \left[\left(\frac{\partial \psi_{\mathrm{fD}}}{\partial y_{\mathrm{D}}} \right)^2 + \frac{1}{h_{\mathrm{mD}}^2} \left(\frac{\partial \psi_{\mathrm{fD}}}{\partial z_{\mathrm{D}}} \right)^2 \right] = w_{\mathrm{D}}^{-\theta} \omega_{\mathrm{f}} \mathrm{e}^{\gamma_{\mathrm{D}} \psi_{\mathrm{fD}}} y_{\mathrm{D}}^{\theta} \frac{\partial \psi_{\mathrm{fD}}}{\partial t_{\mathrm{D}}} \quad (5.5)$$

$$\frac{\partial^2 \psi_{FD}}{\partial x_D^2} + \frac{\partial^2 \psi_{FD}}{\partial y_D^2} - \gamma_D \left[\left(\frac{\partial \psi_{FD}}{\partial x_D} \right)^2 + \left(\frac{\partial \psi_{FD}}{\partial y_D} \right)^2 \right] = \frac{\omega_f}{\eta_{FD}} e^{\gamma_D \psi_{FD}} \frac{\partial \psi_{FD}}{\partial t_D} \quad (5.6)$$

式中 ψ——拟压力；

γ——渗透率模量；

ω——储容比；

η——扩散系数；

θ——诱导裂缝网络的迂曲度指标；

w——黏土的重量比重；

x_D、y_D 和 z_D——储层模型中的坐标；

U、f、m、f——未压裂储层区（USRV）基质、诱导裂缝、无机基质和水力压裂。

在未压裂储层体积（USRV）中，气体首先在有机质中扩散和解吸，然后沿着无机基质孔隙滑移。在压裂储层体积（SRV）基质中，气体流动由来自压裂储层体积（SRV）基质中的有机基质的通量和来自未压裂储层体积（USRV）的总流量组成。在压裂储层体积（SRV）诱导裂缝中，扩散系数是压力依赖渗透率和弯曲度指标的函数。这些气体流动机制的详细说明和方程计算由 Fan 等（2017）提出。

参 考 文 献

Aadnoy, B., & Looyeh, R. (2011). *Petroleum rock mechanics: Drilling operations and well design*. Elsevier Science.

Adachi, J., Siebrits, E., Peirce, A., & Desroches, J. (2007). Computer simulation of hydraulic fractures. *International Journal of Rock Mechanics and Mining Sciences*, 44 (5), 739-757. https: //doi.org/10.1016/j.ijrmms.2006.11.006.

Adamson, A. W., & Gast, A. P. (1997). *Physical chemistry of surfaces*. Wiley.

Advani, S. H., Khattab, H., & Lee, J. K. (1985). Hydraulic fracture geometry modeling, prediction, and comparisons. In

Agrawal, A., & Prabhu, S. V. (2008). Survey on measurement of tangential momentum accommodation coefficient. *Journal of Vacuum Science & Technology A*, 26 (4), 634-645. https: //doi.org/10.1116/1.2943641.

Ahmed, U., & Meehan, D. N. (2016). *Unconventional oil and gas resources: Exploitation and development*. CRC Press.

Akkutlu, I. Y., & Fathi, E. (2012). Multiscale gas transport in shales with local kerogen heterogeneities. *SPE Journal*, 17 (4), 1002-1011. https: //doi.org/10.2118/146422-Pa.

Akkutlu, I. Y., Efendiev, Y., & Savatorova, V. (2015). Multi-scale Asymptotic analysis of gas transport in shale matrix. *Transport in Porous Media*, 107 (1), 235-260. https: //doi.org/ 10.1007/s11242-014-0435-z.

Al Hinai, A., Rezaee, R., Ali, S., & Roland, L. (2013). Permeability prediction from mercury injection capillary pressure: An example from the Perth basin, Western Australia. *The APPEA Journal*, 53 (1), 31-36.

Al-Kobaisi, M., Ozkan, E., & Kazemi, H. (2006). A hybrid numerical/analytical model of a finite-conductivity vertical fracture intercepted by a horizontal well. *SPE Reservoir Evaluation & Engineering*, 9 (04), 345-355. https: //doi.org/ 10.2118/92040-PA.

Albinali, A., & Ozkan, E. (2016). Anomalous diffusion approach and field application for fractured nano-porous Challenges of Shale Reservoir Technologies 129 reservoirs. In *Paper presented at the SPE annual technical conference and exhibition*, Dubai, UAE, 2016/9/26. https: // doi.org/10.2118/181255-MS.

Alharthy, N. S., Nguyen, T., Teklu, T., Kazemi, H., & Graves, R. (2013). Multiphase compositional modeling in small-scale pores of unconventional shale reservoirs. In *Paper presented at the SPE annual technical conference and exhibition*, New Orleans, Louisiana, USA. https: //doi.org/10.2118/166 306-MS.

Alharthy, N. S., Weldu Teklu, T. W., Nguyen, T. N., Kazemi, H., & Graves, R. M. (2016). Nanopore compositional modeling in unconventional shale reservoirs. *SPE Reservoir Evaluation & Engineering*, 19(03), 415-428. https: //doi.org/ 10.2118/166306-PA.

Alharthy, N., Teklu, T., Kazemi, H., Graves, R., Hawthorne, S., Braunberger, J., et al. (2015). Enhanced oil recovery in liquid-rich shale reservoirs: Laboratory to field. In *Paper presented at the SPE annual technical conference and exhibition*, Houston, Texas, USA, 2015/9/28. https: //doi.org/10.2118/175034-MS.

Allaby, A., & Allaby, M. (1999). *A dictionary of Earth sciences*. Oxford University Press.

Ambrose, R. J., Hartman, R. C., & Yucel Akkutlu, I. (2011). Multi-component sorbed phase considerations for shale gas-in-place calculations. In *Paper presented at the SPE production and operations symposium*, Oklahoma city, Oklahoma, USA. https: //doi.org/10.2118/141416-MS.

Ambrose, R. J., Hartman, R. C., Diaz Campos, M., Akkutlu, I. Y., & Sondergeld, C. (2010). New pore-scale considerations for shale gas in place calculations. In *Paper presented at the SPE unconventional gas conference*, Pittsburgh, Pennsylvania, USA. https://doi.org/10.2118/131772-MS.

Anderson, B., Barber, T., Lüling, M., Sen, P., Taherian, R., & Klein, J. (2008). Identifying potential gas-producing shales from large dielectric permittivities measured by induction quadrature signals. In *Paper presented at the 49th annual logging symposium, Austin, Texas*.

Anderson, D. M., Nobakht, M., Moghadam, S., & Mattar, L. (2010). Analysis of production data from fractured shale gas wells. In *Paper presented at the SPE unconventional gas conference, Pittsburgh, Pennsylvania, USA*. https://doi.org/10.2118/131787-MS.

Aoudia, K., Miskimins, J. L., Harris, N. B., & Mnich, C. A. (2010). Statistical analysis of the effects of mineralogy on rock mechanical properties of the Woodford Shale and the associated impacts for hydraulic fracture treatment design. In *Paper presented at the 44th U.S. Rock Mechanics symposium and 5th U.S.-Canada rock Mechanics symposium, Salt Lake city, Utah, 2010/1/1*.

Archie, G. E. (1942). The electrical resistivity log as an aid in determining some reservoir characteristics. *Transactions of the AIME*, 146(01), 54-62. https://doi.org/10.2118/942054-G.

Arkilic, E. B. (1997). *Measurement of the mass flow and tangential momentum accommodation coefficient in silicon micromachined channels* (Ph.D.). Cambridge: Fluid Dynamics Research Laboratory Department of Aeronautics and Astronautics Massachusetts Institue of Technology.

Aybar, U. (2014). *Investigation of analytical models incorporating geomechanical effects on production perdormance of hydraulically and naturally fractured unconventional reservoirs*. Master of Science in Engineering. The University of Texas at Austin.

Aybar, U., Yu, W., Eshkalak, M. O., Sepehrnoori, K., & Patzek, T. (2015). Evaluation of production losses from unconventional shale reservoirs. *Journal of Natural Gas Science and Engineering*, 23, 509-516. https://doi.org/10.1016/j.jngse.2015.02.030.

Azom, P. N., & Javadpour, F. (2012). Dual-continuum modeling of shale and tight gas reservoirs. In *Paper presented at the SPE annual technical conference and exhibition, San Antonio, Texas, USA*. https://doi.org/10.2118/159584-MS.

Baca, R. G., Arnett, R. C., & Langford, D. W. (1984). Modeling fluid flow in fractured-porous rock masses by finite element techniques. *International Journal for Numerical Methods in Fluids*, 4.

Bagherian, B., Ghalambor, A., Sarmadivaleh, M., Rasouli, V., Nabipour, A., & Mahmoudi Eshkaftaki, M. (2010). Optimization of multiple-fractured horizontal tight gas well. In *Paper presented at the SPE international symposium and exhibition on formation damage control, Lafayette, Louisiana, USA*. https://doi.org/10.2118/127899-MS.

Bale, A., Smith, M. B., & Settari, A. (1994). Post-frac productivity calculation for complex reservoir/fracture geometry. In *Paper presented at the european petroleum conference, London, United Kingdom*. https://doi.org/10.2118/28919-MS.

Ballard, B. D. (2007). Quantitative mineralogy of reservoir rocks using fourier transform infrared spectroscopy. In *Paper presented at the SPE annual technical conference and exhibition, Anaheim, California, USA*. https://doi.org/10.2118/113023-STU.

Barenblatt, G. I., Zheltov, I. P., & Kochina, I. N. (1960). Basic concepts in the theory of seepage of homogeneous liquids in fissured rocks [strata]. *Journal of Applied Mathematics and Mechanics*, 24(5), 1286-1303. https://doi.org/10.1016/0021-8928(60)90107-6.

Barree & Associates. (2015). *Gohfer user manual*. Barree & Associates LLC.

Barree, R. D. (1983). A practical numerical simulator for three-dimensional fracture propagation in heterogeneous media. In *Paper presented at the SPE reservoir simulation symposium, San Francisco, California*. https://doi.org/10.2118/12273-MS.

Barsotti, E., Tan, S. P., Saraji, S., Piri, M., & Chen, J. H. (2016). A review on capillary condensation in nanoporous media: Implications for hydrocarbon recovery from tight reservoirs. *Fuel*, 184, 344–361. https://doi.org/10.1016/j.fuel.2016.06.123.

Bates, R. L., Jackson, J. A., & Institute, A. G. (1984). Dictionary of *geological terms*. Anchor Press/Doubleday.

Bear, J. (1988). *Dynamics of fluids in porous media*. New York (N.Y.): Dover.

Belmabkhout, Y., Serna-Guerrero, R., & Sayari, A. (2009). Adsorption of CO_2 from dry gases on MCM-41 silica at ambient temperature and high pressure. 1: Pure CO_2 adsorption. *Chemical Engineering Science*, 64(17), 3721–3728. https://doi.org/10.1016/j.ces.2009.03.017.

Bennett, C. O., Rodolfo, G. C.-V., Reynolds, A. C., & Raghavan, R. (1985). Approximate solutions for fractured wells producing layered reservoirs. *Society of Petroleum Engineers Journal*, 25(05), 729–742. https://doi.org/10.2118/11599-PA.

Bernard, S., Horsfield, B., Schulz, H.-M., Wirth, R., Schreiber, A., & Sherwood, N. (2012a). Geochemical evolution of organic-rich shales with increasing maturity: A STXM and TEM study of the posidonia shale (lower toarcian, Northern Germany). *Marine and Petroleum Geology*, 31(1), 70–89. https://doi.org/10.1016/j.marpetgeo.2011.05.010.

Bernard, S., Wirth, R., Schreiber, A., Schulz, H.-M., & Horsfield, B. (2012b). Formation of nanoporous pyrobitumen residues during maturation of the Barnett shale (Fort Worth Basin). *International Journal of Coal Geology*, 103, 3–11. https://doi.org/10.1016/j.coal.2012.04.010.

Beskok, A., & Karniadakis, G. E. (1999). A model for flows in channels, pipes, and ducts at micro and nano scales. *Micro-scale Thermophysical Engineering*, 3(1), 43–77.

Bezerra, M. A., Santelli, R. E., Oliveira, E. P., Villar, L. S., & Escaleira, L. A. (2008). Response surface methodology (RSM) as a tool for optimization in analytical chemistry. *Talanta*, 76(5), 965–977. https://doi.org/10.1016/j.talanta.2008.05.019.

Bhattacharya, S., & Nikolaou, M. (2011). Optimal fracture spacing and stimulation design for horizontal wells in unconventional gas reservoirs. In *Paper presented at the SPE annual technical conference and exhibition, Denver, Colorado, USA*. https://doi.org/10.2118/147622-MS.

Bhuyan, K., & Passey, Q. R. (1994). Clay estimation from Gr and neutron-density porosity logs. In *Paper presented at the SPWLA 35th annual logging symposium, Tulsa, Oklahoma*.

Biot, M. A., & Willis, D. G. (1957). The elastic coefficients of the theory of consolidation. *Journal of Applied Mechanics*, 24, 594–601. https://doi.org/citeulike-article-id:9228504.

Bird, R. B., Stewart, W. E., & Lightfoot, E. N. (2007). *Transport phenomena*. Wiley.

Blaskovich, F. T., Cain, G. M., Sonier, F., Waldren, D., & Webb, S. J. (1983). A multicomponent isothermal system for efficient reservoir simulation. In Paper presented at the *Middle East oil technical conference and exhibition, Manama, Bahrain*. https://doi.org/10.2118/11480-MS.

Bohacs, K. M. (1998). Contrasting expressions of depositional sequences in mudstones from marine to non-marine environs. In *Shales and mudstones*. Stuttgart: E. Schweizerbart.

Bohacs, K. M., & Miskell-Gerhardt, K. (1998). Well-log expression of lake strata: controls of lake-basin type and provenance, contrasts with marine strata. In AAPG *annual convention and exhibition, Salt Lake City, Utah, USA*.

Bowker, K. A. (2007). Development of the Barnett shale play, Fort Worth Basin. *AAPG Bulletin*, 91(4), 13.

Bowker, K. (2003). *Recent development of the Barnett Shale play* (Vol. 42). Fort Worth Basin.

Box, G. E. P., & Draper, N. R. (1987). *Empirical model-building and response surfaces*. Wiley.

Box, G. E. P., & Draper, N. R. (2007). *Response surfaces, mixtures, and ridge analyses*. Wiley.

Box, G. E. P., & Wilson, K. B. (1951). On the experimental attainment of optimum conditions. *Journal of the Royal Statistical Society. Series B (Methodological)*, 13(1), 1–45.

Brillouin, M. (1907). *Leçons sur la viscosité des liquides et des gaz: Pt. Viscosité des gaz. Caractéres généraux des théories moléculaires*. Gauthier–Villars.

Britt, L. K., & Smith, M. B. (2009). Horizontal well completion, stimulation optimization, and risk mitigation. In *Paper presented at the SPE eastern regional meeting, charleston, West Virginia, USA*. https://doi.org/10.2118/125526-MS.

Brown, G. P., Dinardo, A., Cheng, G. K., & Sherwood, T. K. (1946). The flow of gases in pipes at low pressures. *Journal of Applied Physics*, 17(10), 802–813. https://doi.org/10.1063/1.1707647.

Brown, M., Ozkan, E., Raghavan, R., & Kazemi, H. (2011). Practical solutions for pressure-transient responses of fractured horizontal wells in unconventional shale reservoirs. *SPE Reservoir Evaluation & Engineering*, 14(06), 663–676. https://doi.org/10.2118/125043-PA.

Brunauer, S., Emmett, P. H., & Teller, E. (1938). Adsorption of gases in multimolecular layers. *Journal of the American Chemical Society*, 60, 309–319. https://doi.org/10.1021/ja01269a023.

Busch, A., Alles, S., Gensterblum, Y., Prinz, D., Dewhurst, D. N., Raven, M. D., et al. (2008). Carbon dioxide storage potential of shales. *International Journal of Greenhouse Gas Control*, 2(3), 297–308. https://doi.org/10.1016/j.ijggc.2008.03.003.

Bust, V. K., Majid, A., Oletu, J. U., & Worthington, P. F. (2011). The petrophysics of shale gas reservoirs: Technical challenges and pragmatic solutions. In *Paper presented at the international petroleum technology conference, Bangkok, Thailand*. https://doi.org/10.2523/IPTC-14631-MS.

Camacho-V, R. G., Raghavan, R., & Reynolds, A. C. (1987). Response of wells producing layered reservoirs: Unequal fracture length. SPE Formation Evaluation, 2(01), 9–28. https://doi.org/10.2118/12844-PA.

Cao, C., Li, T., Shi, J., Zhang, L., Fu, S., Wang, B., et al. (2016). A new approach for measuring the permeability of shale featuring adsorption and ultra-low permeability. *Journal of Natural Gas Science and Engineering*, 30, 548–556. https://doi.org/10.1016/j.jngse.2016.02.015.

Carman, P. C. (1937). Fluid flow through granular beds. *Transactions of the Institution of Chemical Engineers*, 15, 150–166.

Carman, P. C. (1956). *Flow of gases through porous media*. Academic Press.

Casanova, F., Chiang, C. E., Li, C. P., Roshchin, I. V., Ruminski, A. M., Sailor, M. J., et al. (2008). Effect of surface interactions on the hysteresis of capillary condensation in nanopores. *Epl*, 81(2). https://doi.org/10.1209/02955075/81/26003.

Chen, C., Balhoff, M. T., & Mohanty, K. K. (2014). Effect of reservoir heterogeneity on primary recovery and CO_2 huff 'n' puff recovery in shale-oil reservoirs. *SPE Reservoir Evaluation & Engineering*, 17(03), 404–413. https://doi.org/10.2118/164553-PA.

Chen, J.-H., Mehmani, A., Li, B., Georgi, D., & Jin, G. (2013). Estimation of total hydrocarbon in the presence of capillary condensation for unconventional shale reservoirs. In Paper presented at the SPE *Middle East oil and gas show and conference, Manama, Bahrain*. https://doi.org/10.2118/164468-MS.

Chen, J.-H., Zhang, J., Jin, G., Quinn, T., Frost, E., & Chen, J. (2012). Capillary condensation and NMR relaxation time in unconventional shale hydrocarbon resources. In *Paper presented at the SPWLA 53rd annual logging symposium, Cartagena, Colombia*.

Chen, Z., Liao, X., Zhao, X., Dou, X., & Zhu, L. (2016). Development of a trilinear-flow model for carbon sequestration in depleted shale. *SPE Journal*, 21(04), 1386–1399. https://doi.org/10.2118/176153-PA.

Cho, Y., Apaydin, O. G., & Ozkan, E. (2013). Pressure-dependent natural-fracture permeability in shale and its effect on shale-gas well production. *SPE Reservoir Evaluation & Engineering*, 16 (2), 216-228. https://doi.org/10.2118/159801-Pa.

Cho, Y., Ozkan, E., & Apaydin, O. G. (2013). Pressure-dependent natural-fracture permeability in shale and its effect on shale-gas well production. *SPE Reservoir Evaluation & Engineering*, 16 (02), 216-228. https://doi.org/10.2118/159801-PA.

Choquette, P. W., & Pray, L. C. (1970). Geologic nomenclature and classification of porosity in sedimentary carbonates. *Aapg Bulletin*, 54 (2), 44.

Chu, L., Ye, P., Harmawan, I. S., Du, L., & Shepard, L. R. (2012). Characterizing and simulating the nonstationariness and nonlinearity in unconventional oil reservoirs: Bakken application. In *Paper presented at the SPE Canadian unconventional resources conference*, Calgary, Alberta, Canada, 2012/1/1. https://doi.org/10.2118/161137-MS.

Cinco-Ley, H., & Meng, H. Z. (1988). Pressure transient analysis of wells with finite conductivity vertical fractures in double porosity reservoirs. In *Paper presented at the SPE annual technical conference and exhibition*, Houston, Texas. https://doi.org/10.2118/18172-MS.

Cinco-Ley, H., & Samaniego-V, F. (1981). Transient pressure analysis for fractured wells. *Journal of Petroleum Technology*, 33 (09), 1749-1766. https://doi.org/10.2118/7490-PA.

Cinco, L., Heber, F., Samaniego, V., & Dominguez A, N. (1978). Transient pressure behavior for a well with a finite-conductivity vertical fracture. *Society of Petroleum Engineers Journal*, 18 (04), 253-264. https://doi.org/10.2118/6014-PA.

Cipolla, C. L. (2009). Modeling production and evaluating fracture performance in unconventional gas reservoirs. *Journal of Petroleum Technology*, 61 (09), 84-90. https://doi.org/10.2118/118536-JPT.

Cipolla, C. L., Fitzpatrick, T., Williams, M. J., & Ganguly, U. K. (2011). Seismic-to-Simulation for unconventional reservoir development. In *Paper presented at the SPE reservoir characterisation and simulation conference and exhibition*, Abu Dhabi, UAE. https://doi.org/10.2118/146876-MS.

Cipolla, C. L., Lolon, E. P., Erdle, J. C., & Rubin, B. (2010). Reservoir modeling in shale-gas reservoirs. SPE Reservoir Evaluation & Engineering, 13 (4), 638-653. https://doi.org/10.2118/125530-Pa.

Cipolla, C. L., Maxwell, S. C., & Mack, M. G. (2012). Engineering guide to the application of microseismic interpretations. In *Paper presented at the SPE hydraulic fracturing technology conference*, The Woodlands, Texas, USA. https://doi.org/10.2118/152165-MS.

Cipolla, C., & Wallace, J. (2014). Stimulated reservoir volume: A misapplied concept? In *Paper presented at the SPE hydraulic fracturing technology conference*, The Woodlands, Texas, USA. https://doi.org/10.2118/168596-MS.

Civan, F. (2007). *Reservoir formation damage: Fundamentals, modeling, assessment, and mitigation*. Gulf Professional Pub.

Civan, F. (2010). Effective correlation of apparent gas permeability in tight porous media. *Transport in Porous Media*, 82 (2), 375-384. https://doi.org/10.1007/s11242-0099432-z.

Civan, F., Devegowda, D., & Sigal, R. F. (2013). Critical evaluation and improvement of methods for determination of matrix permeability of shale. In *Paper presented at the SPE annual technical conference and exhibition*, New Orleans, Louisiana, USA. https://doi.org/10.2118/166473-MS.

Civan, F., Rai, C. S., & Sondergeld, C. H. (2011). Shale-gas permeability and diffusivity inferred by improved formulation of relevant retention and transport mechanisms. *Transport in Porous Media*, 86 (3), 925-944. https://doi.org/10.1007/s11242-010-9665-x.

Cleveland, C. J. (2005). Net energy from the extraction of oil and gas in the United States. *Energy*, 30 (5), 769−782. https: //doi.org/10.1016/j.energy.2004.05.023.

CMG. (2017a). *CMOST user guide*. Computer Modelling Group.

CMG. (2017b). *GEM user guide*. Computer Modelling Group.

Coats, K. H. (1989). Implicit compositional simulation of single-porosity and dual-porosity reservoirs. In *Paper presented at the SPE symposium on reservoir simulation, Houston, Texas*. https: //doi.org/10.2118/18427-MS.

Cole, D. R., Ok, S., Striolo, A., & Anh, P. (2013). Hydrocarbon behavior at nanoscale interfaces. *Carbon in Earth*, 75, 495−545. https: //doi.org/10.2138/rmg.2013.75.16.

Coles, M. E., & Hartman, K. J. (1998). Non-Darcy measurements in dry core and the effect of immobile liquid. In *Paper presented at the SPE gas technology symposium, Calgary, Alberta, Canada*. https: //doi.org/10.2118/39977-MS.

Collins, D. A., Nghiem, L. X., Li, Y. K., & Grabonstotter, J. E. (1992). An efficient approach to adaptive-implicit compositional simulation with an equation of state. *SPE Reservoir Engineering*, 7 (02), 259−264. https: //doi.org/10.2118/15133-PA.

Cooke, C. E. (September 1973). Conductivity of fracture prop-pants in multiple layers. *Journal of Petroleum Technology*, 25, 1101−1107. https: //doi.org/10.2118/4117-Pa.

Cooper, J. W., Wang, X. L., & Mohanty, K. K. (1999). NonDarcy-Flow studies in anisotropic porous media. *SPE Journal*, 4 (4), 334−341. https: //doi.org/10.2118/57755-Pa.

Coppens, M. O. (1999). The effect of fractal surface roughness on diffusion and reaction in porous catalysts e from fundamentals to practical applications. *Catalysis Today*, 53 (2), 225−243. https: //doi.org/10.1016/S0920-5861 (99) 00118-2.

Coppens, M. O., & Dammers, A. J. (2006). Effects of heterogeneity on diffusion in nanopores-from inorganic materials to protein crystals and ion channels. *Fluid Phase Equilibria*, 241 (1−2), 308−316. https: //doi.org/10.1016/j.fluid.2005.12.039.

Cornell, D., & Katz, D. L. (1953). Flow of gases through consolidated porous media. *Industrial and Engineering Chemistry*, 45 (10), 2145−2152. https: //doi.org/10.1021/ie50526a021.

Cui, X., Bustin, A. M. M., & Bustin, R. M. (2009). Measurements of gas permeability and diffusivity of tight reservoir rocks: Different approaches and their applications. *Geofluids*, 9 (3), 208−223. https: //doi.org/10.1111/j.14688123.2009.00244.x.

Curtis, M. E., Ambrose, R. J., & Sondergeld, C. H. (2010). Structural characterization of gas shales on the micro-and nanoscales. In *Paper presented at the Canadian unconventional resources and international petroleum conference, Calgary, Alberta, Canada*. https: //doi.org/10.2118/137693-MS.

Curtis, M. E., Cardott, B. J., Sondergeld, C. H., & Rai, C. S. (2012). Development of organic porosity in the Woodford Shale with increasing thermal maturity. *International Journal of Coal Geology*, 103, 26−31. https: //doi.org/10.1016/ j.coal.2012.08.004.

Daneshy, A. A. (1973). On the design of vertical hydraulic fractures. *Journal of Petroleum Technology*, 25 (01), 83−97. https: //doi.org/10.2118/3654-PA.

Darabi, H., Ettehad, A., Javadpour, F., & Sepehrnoori, K. (2012). Gas flow in ultra-tight shale strata. *Journal of Fluid Mechanics*, 710, 641−658. https: //doi.org/10.1017/jfm.2012.424.

Darcy, H. (1856). *Les fontaines publiques de la ville de Dijon: Exposition et application des principes a suivre et des formules a employer dans les questions de distribution d'eau; ouvrage terminé par un appendice relatif aux fournitures d'eau de plusieurs villes au filtrage des eaux et a la fabrication des tuyaux de fonte, de plomb, de tole et de bitume: Victor Dalmont, Libraire des Corps imperiaux des ponts et chaussées et des mines.*

Davis, R. O., & Selvadurai, A. P. S. (1996). *Elasticity and geomechanics.* Cambridge University Press.

Dayal, A., & Mani, D. (2017). *Shale gas: Exploration and environmental and economic impacts.*

de Keizer, A., Michalski, T., & Findenegg, G. H. (1991). Fluids in pores: Experimental and computer simulation studies of multilayer adsorption, pore condensation and critical-point shifts. In *Pure and applied chemistry.*

de Swaan, O., A. (1976). Analytic solutions for determining naturally fractured reservoir properties by well testing. *Society of Petroleum Engineers Journal*, 16 (03), 117-122. https://doi.org/10.2118/5346-PA.

Dean, R. H., & Lo, L. L. (1988). Simulations of naturally fractured reservoirs. *SPE Reservoir Engineering*, 3 (02), 638-648. https://doi.org/10.2118/14110-PA.

Desbois, G., Urai, J., & Kukla, P. (2009). Morphology of the pore space in claystones-evidence from BIB/FIB ion beam sectioning and cryo-SEM observations. *eEarth*, 4, 15-22. https://doi.org/10.5194/ee-4-15-2009.

Dong, J. J., Hsu, J. Y., Wu, W. J., Shimamoto, T., Hung, J. H., Yeh, E. C., et al. (2010). Stress-dependence of the permeability and porosity of sandstone and shale from TCDP Hole-A. *International Journal of Rock Mechanics and Mining Sciences*, 47 (7), 1141-1157. https://doi.org/10.1016/j.ijrmms.2010.06.019.

Donohue, M. D., & Aranovich, G. L. (1998). Classification of Gibbs adsorption isotherms. *Advances in Colloid and Interface Science*, 76, 137-152. https://doi.org/10.1016/S00018686(98)00044-X.

Dowdle, W. L., & Hyde, P. V. (1977). Well test analysis of hydraulically fractured gas wells. In *Paper presented at the SPE deep drilling and production symposium, Amarillo, Texas.* https://doi.org/10.2118/6437-MS.

Dresser, Atlas. (1979). *Dresser atlas log interpretation charts.* Houston, Tex: Dresser Industries.

Du, L., & Chu, L. (2012). Understanding anomalous phase behavior in unconventional oil reservoirs. In *Paper presented at the SPE Canadian unconventional resources conference, Calgary, Alberta, Canada.* https://doi.org/10.2118/161830-MS.

EIA. (2013). *Technically recoverable shale oil and shale gas resources: An assessment of 137 shale formations in 41 countries outside the United States.* Washington, DC: U.S. Department of Energy.

EIA. (2015). *World shale resource assessments.* https://www.eia.gov/analysis/studies/worldshalegas/.

EIA. (2016). *Maps: Oil and gas exploration, resources, and production.* https://www.eia.gov/maps/maps.htm.

EIA. (2018). *Annual energy outlook* 2018. Washington, DC: U.S. Department of Energy.

Ergun, S. (1952). Fluid flow through packed columns. *Chemical Engineering Progress*, 48 (2), 89-94.

Ergun, S., & Orning, A. A. (1949). Fluid flow through randomly packed columns and fluidized beds. *Industrial and Engineering Chemistry*, 41 (6), 1179-1184. https://doi.org/10.1021/ie50474a011.

Eshkalak, M. O., Al-shalabi, E. W., Sanaei, A., Aybar, U., & Sepehrnoori, K. (2014). Enhanced gas recovery by CO_2 sequestration versus Re-fracturing treatment in unconventional shale gas reservoirs. In *Paper presented at the Abu Dhabi international petroleum exhibition and conference, Abu Dhabi, UAE,* 2014/11/10. https://doi.org/10.2118/172083-MS.

Evans, R. D., & Civan, F. (1994). *Characterization of non-Darcy multiphase flow in petroleum bearing formation.* Final report. United States.

Evans, R. D., Hudson, C. S., & Greenlee, J. E. (1987). The effect of an immobile liquid saturation on the non-Darcy flow coefficient in porous media. *SPE Production Engineering*, 2 (04), 331-338. https://doi.org/10.2118/14206-PA.

Evans, R., Marconi, U. M. B., & Tarazona, P. (1986). Fluids in narrow pores-adsorption, capillary condensation, and critical-points. *Journal of Chemical Physics*, 84 (4), 2376–2399. https: //doi.org/10.1063/1.450352.

Fan, D., & Ettehadtavakkol, A. (2017). Analytical model of gas transport in heterogeneous hydraulically-fractured organic-rich shale media. *Fuel*, 207, 625–640. https: //doi.org/ 10.1016/j.fuel.2017.06.105.

Fanchi, J. R., Arnold, K., Mitchell Robert, F., Holstein, E. D., & Warner, H. R. (2007). *Petroleum engineering handbook: Production operations engineering*. Society Of Petroleum Engineers.

Fathi, E., & Akkutlu, I. Y. (2014). Multi-component gas transport and adsorption effects during CO_2 injection and enhanced shale gas recovery. *International Journal of Coal Geology*, 123, 52–61. https: //doi.org/10.1016/j.coal.2013.07.021.

Fathi, E., Tinni, A., & Akkutlu, I. Y. (2012). Correction to Klinkenberg slip theory for gas flow in nano-capillaries. *International Journal of Coal Geology*, 103, 51–59. https: //doi.org/ 10.1016/j.coal.2012.06.008.

Fenton, L. (1960). The sum of log-normal probability distributions in scatter transmission systems. *IRE Transactions on Communications Systems*, 8 (1), 57–67. https: //doi.org/ 10.1109/TCOM.1960.1097606.

Fertl, W. H., & Rieke, H. H., III (1980). Gamma ray spectral evaluation techniques identify fractured shale reservoirs and source-rock characteristics. *Journal of Petroleum Technology*, 32 (11), 2053–2062. https: //doi.org/10.2118/ 8454-PA.

Fick, A. (1855). V. On liquid diffusion. *The London, Edinburgh, and Dublin Philosophical Magazine and Journal of Science*, 10 (63), 30–39. https: //doi.org/10.1080/1478644550864 1925.

Fisher, M. K., Wright, C. A., Davidson, B. M., Goodwin, A. K., Fielder, E. O., Buckler, W. S., et al. (2002). Integrating fracture mapping technologies to optimize stimulations in the Barnett shale. In *Paper presented at the SPE annual technical conference and exhibition, San Antonio, Texas*. https: // doi.org/10.2118/77441-MS.

Fishman, N. S., Hackley, P. C., Lowers, H. A., Hill, R. J., Egenhoff, S. O., Eberl, D. D., et al. (2012). The nature of porosity in organic-rich mudstones of the upper Jurassic Kimmeridge clay formation, north sea, offshore United Kingdom. *International Journal of Coal Geology*, 103, 32–50. https: //doi.org/10.1016/j.coal.2012.07.012.

Fishman, N., Guthrie, J., & Honarpour, M. (2013). The stratigraphic distribution of hydrocarbon storage and its effect on producible hydrocarbons in the Eagle Ford formation, south Texas. In *Paper presented at the unconventional resources technology conference, Denver, Colorado, USA*.

Forchheimer, P. (1901). Water movement through the ground. *Zeitschrift Des Vereines Deutscher Ingenieure*, 45, 1781–1788.

Frederick, D. C., Jr., & Graves, R. M. (1994). New correlations to predict non-Darcy flow coefficients at immobile and mobile water saturation. In *Paper presented at the SPE annual technical conference and exhibition, New Orleans, Louisiana*. https: //doi.org/10.2118/28451-MS.

Freeman, C. M., Moridis, G. J., & Blasingame, T. A. (2011). A numerical study of microscale flow behavior in tight gas and shale gas reservoir systems. *Transport in Porous Media*, 90 (1), 253–268. https: //doi.org/10.1007/s11242-0119761-6.

Fu, Y., Yang, Y. K., & Deo, M. (2005). Three-dimensional, three-phase discrete-fracture reservoir simulator based on control volume finite element (CVFE) formulation. In *Paper presented at the SPE reservoir simulation symposium, The Woodlands, Texas*. https: //doi.org/ 10.2118/93292-MS.

Fumagalli, A., Pasquale, L., Zonca, S., & Micheletti, S. (2016). An upscaling procedure for fractured reservoirs with embedded grids. *Water Resources Research*, 52 (8), 6506–6525. https: //doi.org/10.1002/2015WR017729.

Fumagalli, A., Zonca, S., & Formaggia, L. (2017). Advances in computation of local problems for a flow-based upscaling in fractured reservoirs. *Mathematics and Computers in Simulation*, 137, 299-324. https://doi.org/10.1016/j.matcom.2017.01.007.

Gale, J. F. W., Laubach, S. E., Olson, J. E., Eichhubl, P., & Fall, A. (2014). Natural fractures in shale: A review and new observationsNatural fractures in shale: A review and new observations. *AAPG Bulletin*, 98 (11), 2165-2216. https://doi.org/10.1306/08121413151.

Gamadi, T. D., Sheng, J. J., & Soliman, M. Y. (2013). An experimental study of cyclic gas injection to improve shale oil recovery. In *Paper presented at the SPE annual technical conference and exhibition*, New Orleans, Louisiana, USA, 2013/2019/30. https://doi.org/10.2118/166334-MS.

Gamadi, T. D., Sheng, J. J., Soliman, M. Y., Menouar, H., Watson, M. C., & Emadibaladehi, H. (2014). An experimental study of cyclic CO_2 injection to improve shale oil recovery. In *Paper presented at the SPE improved oil recovery symposium*, Tulsa, Oklahoma, USA, 2014/4/12. https://doi.org/10.2118/169142-MS.

Geertsma, J. (1974). Estimating coefficient of inertial resistance in fluid-flow through porous-media. *Society of Petroleum Engineers Journal*, 14 (5), 445-450. https://doi.org/10.2118/4706-Pa.

Geertsma, J., & De Klerk, F. (1969). A rapid method of predicting width and extent of hydraulically induced fractures. *Journal of Petroleum Technology*, 21 (12), 1571-1581. https://doi.org/10.2118/2458-PA.

Geiger-Boschung, S., Matthäi, S. K., Niessner, J., & Helmig, R. (2009). Black-oil simulations for three-component, three-phase flow in fractured porous media. *SPE Journal*, 14 (02), 338-354. https://doi.org/10.2118/107485-PA.

Gelb, L. D., Gubbins, K. E., Radhakrishnan, R., & Sliwinska-Bartkowiak, M. (1999). Phase separation in confined systems. *Reports on Progress in Physics*, 62 (12), 1573-1659. https://doi.org/10.1088/0034-4885/62/12/201.

Geshelin, B. M., Grabowski, J. W., & Pease, E. C. (1981). Numerical study of transport of injected and reservoir water in fractured reservoirs during steam stimulation. In *Paper presented at the SPE annual technical conference and exhibition*, San Antonio, Texas. https://doi.org/10.2118/10322-MS.

Ghorbae, S. Z., & Alkhansa, Z. (2012). Evaluation of the effects of molecular diffusion in recovery from fractured reservoirs during gas injection. In *Paper presented at the SPE Kuwait international petroleum conference and exhibition*, Kuwait City, Kuwait, 2012/1/1. https://doi.org/10.2118/163273-MS.

Ghosh, S., Rai, C. S., Sondergeld, C. H., & Larese, R. E. (2014). Experimental investigation of proppant diagenesis. In *Paper presented at the SPE/CSUR unconventional resources conference* e Canada, Calgary, Alberta, Canada. https://doi.org/10.2118/171604-MS.

Gidley, J. L., & Society of Petroleum Engineers. (1989). *Recent advances in hydraulic fracturing*. Henry L. Doherty Memorial Fund of AIME, Society of Petroleum Engineers.

Gilman, J. R. (1986). An efficient finite-difference method for simulating phase segregation in the matrix blocks in double-porosity reservoirs. *SPE Reservoir Engineering*, 1 (04), 403-413. https://doi.org/10.2118/12271-PA.

Givens, N., & Zhao, H. (2004). The Barnett shale: Not so simple after all. In AAPG *Annual Meeting*, Dallas, Texas.

Godec, M., Koperna, G., Petrusak, R., & Oudinot, A. (2013). Potential for enhanced gas recovery and CO_2 storage in the Marcellus shale in the Eastern United States. *International Journal of Coal Geology*, 118, 95-104. https://doi.org/10.1016/j.coal.2013.05.007.

Godec, M., Koperna, G., Petrusak, R., & Oudinot, A. (2014). Enhanced gas recovery and CO_2 storage in gas shales: A summary review of its status and potential. *Energy Procedia*, 63, 5849-5857. https://doi.

org/10.1016/j.egypro.2014.11.618.

Gor, G. Y., Paris, O., Prass, J., Russo, P. A., Carrott, M. M. L. R., & Neimark, A. V. (2013). Adsorption of n-pentane on mesoporous silica and adsorbent deformation. *Langmuir*, 29(27), 8601–8608. https://doi.org/10.1021/la401513n.

Gorucu, S. E., & Ertekin, T. (2011). Optimization of the design of transverse hydraulic fractures in horizontal wells placed in dual porosity tight gas reservoirs. In *Paper presented at the SPE Middle East unconventional gas conference and exhibition*, Muscat, Oman. https://doi.org/10.2118/142040-MS.

Green, C. A., David Barree, R., & Miskimins, J. L. (2007). Development of a methodology for hydraulic fracturing models in tight, massively stacked, lenticular reservoirs. In *Paper presented at the SPE hydraulic fracturing technology conference*, College Station, Texas, USA. https://doi.org/10.2118/106269-MS.

Green, L., & Duwez, P. (1951). Fluid flow through porous metals. *Journal of Applied Mechanics-transactions of the Asme*, 18(1), 39–45.

Grigg, R. B., & Hwang, M. K. (1998). High velocity gas flow effects in porous gas-water system. In *Paper presented at the SPE gas technology symposium*, Calgary, Alberta, Canada. https://doi.org/10.2118/39978-MS.

Gringarten, A. C., Henry, J., Ramey, Jr., & Raghavan, R. (1974). Unsteady-state pressure distributions created by a well with a single infinite-conductivity vertical fracture. *Society of Petroleum Engineers Journal*, 14(04), 347–360. https://doi.org/10.2118/4051-PA.

Gringarten, A. C., Ramey, H. J., Jr., & Raghavan, R. (1975). Applied pressure analysis for fractured wells. *Journal of Petroleum Technology*, 27(07), 887–892. https://doi.org/10.2118/5496-PA.

Gubbins, K. E., Long, Y., & Sliwinska-Bartkowiak, M. (2014). Thermodynamics of confined nano-phases. *Journal of Chemical Thermodynamics*, 74, 169–183. https://doi.org/10.1016/j.jct.2014.01.024.

Guo, W., Hu, Z., Zhang, X., Yu, R., & Wang, L. (2017). Shale gas adsorption and desorption characteristics and its effects on shale permeability. *Energy Exploration & Exploitation*, 35(4), 463–481. https://doi.org/10.1177/0144598716684306.

Hadjiconstantinou, N. G. (2006). The limits of Navier-Stokes theory and kinetic extensions for describing small-scale gaseous hydrodynamics. *Physics of Fluids*, 18(11). https://doi.org/10.1063/1.2393436.

Hamada, Y., Koga, K., & Tanaka, H. (2007). Phase equilibria and interfacial tension of fluids confined in narrow pores. *Journal of Chemical Physics*, 127(8). https://doi.org/10.1063/1.2759926.

Han, Y., Al-Muntasheri, G., Katherine, L. H., & Abousleiman, Y. N. (2016). Tensile mechanical behavior of kerogen and its potential implication to fracture opening in Kerogen-Rich Shales (KRS). In *Paper presented at the 50th U.S. Rock Mechanics/geomechanics symposium*, Houston, Texas, 2016/6/26.

Hao, S., Adwait, C., Hussein, H., Xundan, S., & Lin, L. (2015). Understanding shale gas flow behavior using numerical simulation. *SPE Journal*, 20(01), 142–154. https://doi.org/10.2118/167753-PA.

Harper, J. A. (1999). Pennsylvania geological survey and pittsburgh geological society. In C. H. Shultz (Ed.), The geology of Pennsylvania (pp. 108–127). Pennsylvania Geological Survey; Pittsburgh Geological Society.

Hassan, M. H. M., & Douglas Way, J. (1996). Gas transport in a microporous silica membrane. In *Paper presented at the Abu Dhabi international petroleum exhibition and conference*, Abu Dhabi, United Arab Emirates. https://doi.org/10.2118/36226-MS.

Hawthorne, S. B., Gorecki, C. D., Sorensen, J. A., Steadman, E. N., Harju, J. A., & Melzer, S. (2013). Hydrocarbon mobilization mechanisms from upper, middle, and lower bakken reservoir rocks exposed to CO. In *Paper presented at the SPE unconventional resources conference Canada*, Calgary, Alberta,

Canada, 2013/11/5. https: //doi.org/ 10.2118/167200-MS.

He, J., Ding, W., Zhang, J., Li, A., Zhao, W., & Peng, D. (2016). Logging identification and characteristic analysis of marineecontinental transitional organic-rich shale in the Carboniferous-Permian strata, Bohai Bay Basin. Marine and Petroleum Geology, 70, 273-293. https: //doi.org/ 10.1016/ j.marpetgeo.2015.12.006.

Heller, R., & Zoback, M. (2014). Adsorption of methane and carbon dioxide on gas shale and pure mineral samples. Journal of Unconventional Oil and Gas Resources, 8, 14-24. https: //doi.org/10.1016/ j.juogr.2014.06.001.

Henriques, I., & Sadorsky, P. (2008). Oil prices and the stock prices of alternative energy companies. Energy Economics, 30 (3), 998-1010. https: //doi.org/10.1016/j.eneco.2007.11.001.

Hill, A. C., & Thomas, G. W. (1985). A new approach for simulating complex fractured reservoirs. In Paper presented at the Middle East oil technical conference and exhibition, Bahrain. https: //doi. org/10.2118/13537-MS.

Hill, D. G., Lombardi, T. E., & Martin, J. P. (2004). Fractured shale gas potential in New York. Northeastern Geology and Environmental Sciences, 26, 22.

Hirschfelder, J. O., Curtiss, C. F., Bird, R. B., & University of Wisconsin Theoretical Chemistry Laboratory. (1954). Molecular theory of gases and liquids. Wiley.

Holditch, S. A. (1979). Factors affecting water blocking and gas flow from hydraulically fractured gas wells. Journal of Petroleum Technology, 31 (12), 1515-1524. https: //doi.org/ 10.2118/7561-PA.

Honarpour, M. M., Nagarajan, N. R., Orangi, A., Arasteh, F., & Yao, Z. (2012). Characterization of critical fluid PVT, rock, and rock-fluid properties e impact on reservoir performance of liquid rich shales. In Paper presented at the SPE annual technical conference and exhibition, San antonio, Texas, USA, 2012/1/1. https: //doi.org/10.2118/158042-MS.

Hornyak, G. L., Tibbals, H. F., Dutta, J., & Moore, J. J. (2008). Introduction to nanoscience and nanotechnology. CRC Press.

Hoteit, H., & Firoozabadi, A. (2005). Multicomponent fluid flow by discontinuous Galerkin and mixed methods in unfractured and fractured media. Water Resources Research, 41 (11). https: //doi. org/10.1029/2005WR004339.

Houben, M. E., Desbois, G., & Urai, J. L. (2014). A comparative study of representative 2D microstructures in Shaly and Sandy facies of Opalinus Clay (Mont Terri, Switzerland) inferred form BIB-SEM and MIP methods. Marine and Petroleum Geology, 49, 143-161. https: //doi.org/10.1016/ j.marpetgeo.2013.10.009.

Howard, G. C., & Fast, C. R. (1957). Optimum fluid characteristics for fracture extension. In Paper presented at the drilling and production practice, New York, New York.

Hu, H. Y., Hao, F., Lin, J. F., Lu, Y. C., Ma, Y. Q., & Li, Q. (2017). Organic matter-hosted pore system in the Wufeng-Longmaxi (O (3) w-S (1) 1) shale, Jiaoshiba area, Eastern Sichuan Basin, China. International Journal of Coal Geology, 173, 40-50. https: //doi.org/10.1016/j.coal.2017.02.004.

Hu, H., Zhang, T., Wiggins-Camacho, J. D., Ellis, G. S., Lewan, M. D., & Zhang, X. (2015). Experimental investigation of changes in methane adsorption of bitumen-free Woodford Shale with thermal maturation induced by hydrous pyrolysis. Marine and Petroleum Geology, 59, 114-128. https: //doi.org/ 10.1016/j.marpetgeo.2014.07.029.

Hubbert, M. K. (1956). Darcys law and the field equations of the flow of underground fluids. Transactions of the American Institute of Mining and Metallurgical Engineers, 207 (10), 223-239.

Hughes, J. D. (October 28 2013). Tight Oil: A Solution to U.S. Import Dependence? Denver, Colorado,

USA: Geological Society of America.

Hui, M.-H., Glass, J., Harris, D., & Jia, C. (2013). Discrete natural fracture uncertainty modelling for produced water mitigation: Chuandongbei gas project, sichuan, China. In *Paper presented at the international petroleum technology conference, Beijing, China*. https://doi.org/10.2523/IPTC-16814-MS.

Hui, M.-H., Karimi-Fard, M., Mallison, B., & Durlofsky, L. J. (2018). A general modeling framework for simulating complex recovery processes in fractured reservoirs at different resolutions. *SPE Journal*, 23 (02), 598-613. https://doi.org/10.2118/182621-PA.

Hunt, J. M. (1996). *Petroleum geochemistry and geology*. W.H. Freeman.

Hyne, N. J. (1991). *Dictionary of petroleum exploration, drilling & production*. PennWell Publishing Company.

IEA. (2017). *World energy outlook* 2017.

Iino, A., Vyas, A., Huang, J., Datta-Gupta, A., Fujita, Y., & Sankaran, S. (2017b). Rapid compositional simulation and history matching of shale oil reservoirs using the fast marching method. In *Paper presented at the SPE/AAPG/SEG unconventional resources technology conference, Austin, Texas, USA*. https://doi.org/10.15530/URTEC-2017-2693139.

Iino, A., Vyas, A., Huang, J., Datta-Gupta, A., Fujita, Y., Bansal, N., et al. (2017a). Efficient modeling and history matching of shale oil reservoirs using the fast marching method: Field application and validation. In *Paper presented at the SPE western regional meeting, Bakersfield, California*. https://doi.org/10.2118/185719-MS.

Irmay, S. (1958). On the theoretical derivation of Darcy and Forchheimer formulas. *Eos, Transactions American Geophysical Union*, 39 (4), 702-707. https://doi.org/10.1029/TR039i004p00702.

Islam, A., & Patzek, T. (2014). Slip in natural gas flow through nanoporous shale reservoirs. *Journal of Unconventional Oil and Gas Resources*, 7, 49-54. https://doi.org/10.1016/j.juogr.2014.05.001.

Jacobi, D. J., Gladkikh, M., LeCompte, B., Hursan, G., Mendez, F., Longo, J., et al. (2008). Integrated petrophysical evaluation of shale gas reservoirs. In *Paper presented at the CIPC/SPE gas technology symposium* 2008 *joint conference, Calgary, Alberta, Canada*. https://doi.org/10.2118/114925-MS.

Janicek, J. D., & Katz, D. L. (1955). *Applications of unsteady state gas flow calculations*.

Jarvie, D. M. (1991). Total Organic Carbon (TOC) analysis: In: Source and migration processes and evaluation techniques. *APG Bulletin*, 113-118.

Jarvie, D. M., Hill, R. J., Ruble, T. E., & Pollastro, R. M. (2007). Unconventional shale-gas systems: The Mississippian Bar-nett Shale of north-central Texas as one model for thermogenic shale-gas assessment. *American Association of Petroleum Geologists Bulletin*, 91 (4), 475-499. https://doi.org/10.1306/12190606068.

Javadpour, F. (2009). Nanopores and apparent permeability of gas flow in mudrocks (shales and siltstone). *Journal of Canadian Petroleum Technology*, 48 (08), 16-21. https://doi.org/10.2118/09-08-16-DA.

Javadpour, F., Fisher, D., & Unsworth, M. (2007). Nanoscale gas flow in shale gas sediments. *Journal of Canadian Petroleum Technology*, 46 (10), 7. https://doi.org/10.2118/07-10-06.

Ji, L., Settari, A., Orr, D. W., & Sullivan, R. B. (2004). Methods for modelling static fractures in reservoir simulation. In *Paper presented at the Canadian international petroleum conference, Calgary, Alberta*. https://doi.org/10.2118/2004-260.

Jiang, J., Shao, Y., & Younis, R. M. (2014). Development of a multi-continuum multi-component model for enhanced gas recovery and CO_2 storage in fractured shale gas reservoirs. In *Paper presented at the SPE improved oil recovery symposium, Tulsa, Oklahoma, USA*, 2014/4/12. https://doi.org/10.2118/169114-MS.

Jiang, Z., Zhang, W., Liang, C., Wang, Y., Liu, H., & Chen, X. (2016). Basic characteristics and evaluation of shale oil reservoirs. *Petroleum Research*, 1(2), 149–163. https://doi.org/10.1016/S2096-2495(17)30039-X.

Jin, L., Ma, Y., & Ahmad, J. (2013). Investigating the effect of pore proximity on phase behavior and fluid properties in shale formations. In *Paper presented at the SPE annual technical conference and exhibition, New Orleans, Louisiana, USA*. https://doi.org/10.2118/166192-MS.

Jones, S. C. (1987). Using the inertial coefficient, B, to characterize heterogeneity in reservoir rock. In *Paper presented at the SPE annual technical conference and exhibition, Dallas, Texas*. https://doi.org/10.2118/16949-MS.

Kalantari-Dahaghi, A. (2010). Numerical simulation and modeling of enhanced gas recovery and CO_2 sequestration in shale gas reservoirs: A feasibility study. In *Paper presented at the SPE international conference on CO2 capture, Storage, and utilization, New Orleans, Louisiana, USA*, 2010/2011/1. https://doi.org/10.2118/139701-MS.

Kalra, S., Tian, W., & Wu, X. (2018). A numerical simulation study of CO_2 injection for enhancing hydrocarbon recovery and sequestration in liquid-rich shales. *Petroleum Science*, 15(1), 103–115. https://doi.org/10.1007/s12182-0170199-5.

Kam, P., Nadeem, M., Novlesky, A., Kumar, A., & Omatsone, E. N. (2015). Reservoir characterization and history matching of the horn river shale: An integrated geoscience and reservoir-simulation approach. *Journal of Canadian Petroleum Technology*, 54(06), 475–488. https://doi.org/10.2118/171611-PA.

Karimi-Fard, M., & Durlofsky, L. J. (2016). A general gridding, discretization, and coarsening methodology for modeling flow in porous formations with discrete geological features. *Advances in Water Resources*, 96, 354–372. https://doi.org/10.1016/j.advwatres.2016.07.019.

Karimi-Fard, M., & Firoozabadi, A. (2003). Numerical simulation of water injection in fractured media using the discrete-fracture model and the Galerkin method. *SPE Reservoir Evaluation & Engineering*, 6(02), 117–126. https://doi.org/10.2118/83633-PA.

Karimi-Fard, M., Durlofsky, L. J., & Aziz, K. (2004). An efficient discrete-fracture model applicable for general-purpose reservoir simulators. SPE *Journal*, 9(02), 227–236. https://doi.org/10.2118/88812-PA.

Karniadakis, G. E., Beskok, A., & Aluru, N. (2005). *Microflows and nanoflows: Fundamentals and simulation*. New York: Springer.

Kazemi, H. (1969). Pressure transient analysis of naturally fractured reservoirs with uniform fracture distribution. *Society of Petroleum Engineers Journal*, 9(04), 451–462. https://doi.org/10.2118/2156-A.

Kazemi, H., Merrill, L. S., Jr., Porterfield, K. L., & Zeman, P. R. (1976). Numerical simulation of water-oil flow in naturally fractured reservoirs. *Society of Petroleum Engineers Journal*, 16(06), 317–326. https://doi.org/10.2118/5719-PA.

Keller, J. U., & Staudt, R. (2005). *Gas adsorption equilibria: Experimental methods and adsorptive isotherms*. Springer.

Kennedy, J., & Eberhart, R. (1995). Particle swarm optimization. In *Proceedings of ICNN' 95 e international conference on neural networks, November* 27e December 1995.

Khatibi, S., Aghajanpour, A., Ostadhassan, M., Ghanbari, E., Amirian, E., & Mohammed, R. (2018). Evaluating the impact of mechanical properties of kerogen on hydraulic fracturing of organic rich formations. In *Paper presented at the SPE Canada unconventional resources conference, Calgary, Alberta, Canada*, 2018/3/13. https://doi.org/10.2118/189799-MS.

Khoshghadam, M., Khanal, A., Rabinejadganji, N., & John Lee, W. (2016). How to model and improve our understanding of liquid-rich shale reservoirs with complex organic/inorganic pore network. In *Paper presented at the SPE/AAPG/SEG unconventional resources technology conference, San antonio, Texas, USA*, 2016/2018/1. https://doi.org/10.15530/URTEC-2016-2459272.

Kim, J.-G., & Deo, M. D. (2000). Finite element, discrete-fracture model for multiphase flow in porous media. AIChE *Journal*, 46 (6), 1120–1130. https://doi.org/10.1002/aic.690460604.

Kim, T. H. (2018). *Integrative modeling of CO_2 injection for enhancing hydrocarbon recovery and CO_2 storage in shale reservoirs*. Hanyang University.

Kim, T. H., Cho, J., & Lee, K. S. (2017). Evaluation of CO_2 injection in shale gas reservoirs with multi-component transport and geomechanical effects. *Applied Energy*, 190, 1195–1206. https://doi.org/10.1016/j.apenergy.2017.01.047.

Klinkenberg, L. J. (1941). The permeability of porous media to liquids and gases. In *Paper presented at the drilling and production practice, New York, New York*.

Ko, L. T., Loucks, R. G., Ruppel, S. C., Zhang, T., & Peng, S. (2017). Origin and characterization of Eagle Ford pore networks in the South Texas upper cretaceous shelf. *AAPG Bulletin*, 101 (3), 387–418. https://doi.org/10.1306/08051616035.

Ko, L. T., Zhang, T., Loucks, R. G., Ruppel, S. C., & Shao, D. (2015). *Pore evolution in the Barnett, Eagled Ford (Boquillas), and Woodford mudrocks based on gold-tube pyrolysis thermal maturation*. Denver, Colorado, USA.

Ko, L. T., Zhang, T., Loucks, R. G., Ruppel, S. C., & Shao, D. (2016). Pore evolution in the Barnett, Eagle Ford (boquillas), and Woodford mudrocks based on gold-tube pyrolysis thermal maturation. In *AAPG search and discovery article*.

Kochenov, A. V., & Baturin, G. N. (2002). The paragenesis of organic matter, phosphorus, and uranium in marine sediments. *Lithology and Mineral Resources*, 37 (2), 107–120. https://doi.org/10.1023/A:1014816315203.

Kovscek, Robert, A., Tang, G.-Q., & Vega, B. (2008). Experimental investigation of oil recovery from siliceous shale by CO_2 injection. In *Paper presented at the SPE annual technical conference and exhibition, Denver, Colorado, USA*, 2008/1/1. https://doi.org/10.2118/115679-MS.

Kozeny, J. (1927). Über kapillare Leitung des Wassers im Boden. *Akad. Wiss. Wien*, 136, 271–306. https://doi.org/citeulike-article-id:4155258.

Krishna, R. (1993). Problems and pitfalls in the use of the Fick formulation for intraparticle diffusion. *Chemical Engineering Science*, 48 (5), 845–861. https://doi.org/10.1016/0009-2509(93)80324-J.

Kruk, M., Jaroniec, M., & Sayari, A. (1997). Adsorption study of surface and structural properties of MCM-41 materials of different pore sizes. *Journal of Physical Chemistry B*, 101 (4), 583–589. https://doi.org/10.1021/jp962000k.

Kruk, M., Jaroniec, M., & Sayari, A. (1999). Relations between pore structure parameters and their implications for characterization of MCM-41 using gas adsorption and X-ray diffraction. *Chemistry of Materials*, 11 (2), 492–500. https://doi.org/10.1021/cm981006e.

Kruk, M., Jaroniec, M., Ko, C. H., & Ryoo, R. (2000). Characterization of the porous structure of SBA-15. Chemistry of Materials, 12 (7), 1961–1968. https://doi.org/10.1021/cm000164e.

Kuila, U., & Prasad, M. (2011). Understanding pore-structure and permeability in shales. In *Paper presented at the SPE annual technical conference and exhibition, Denver, Colorado, USA*. https://doi.org/10.2118/146869-MS.

Kuila, U., & Prasad, M. (2013). Specific surface area and pore-size distribution in clays and shales.

Geophysical Prospecting, 61（2）, 341–362. https：//doi.org/10.1111/ 1365–2478.12028.

Kumar, V., Sondergeld, C. H., & Rai, C. S.（2012）. Nano to macro mechanical characterization of shale. In *Paper presented at the SPE annual technical conference and exhibition*, San Antonio, Texas, USA, 2012/1/1. https：//doi.org/ 10.2118/159804–MS.

Kutasov, I. M.（1993）. Equation predicts non–Darcy flow coefficient. *Oil & Gas Journal*, 91（11）, 66–67.

Langmuir, I.（1918）. The adsorption of gases on plane surfaces of glass, mica and platinum. *Journal of the American Chemical Society*, 40（9）, 1361–1403. https：//doi.org/10.1021/ ja02242a004.

Larese, R. E., & Heald, M. T.（1976）. *Petrography of selected Devonian shale core samples from the CGTC No. 20403 and CGSC No. 11940 wells. West Virginia. United States*: Lincoln and Jackson Counties.

Li, B., Mehmani, A., Chen, J., Georgi, D. T., & Jin, G.（2013）. The condition of capillary condensation and its effects on adsorption isotherms of unconventional gas condensate reservoirs. In *Paper presented at the SPE annual technical conference and exhibition*, New Orleans, Louisiana, USA. https：//doi.org/10.2118/166162–MS.

Li, D., & Engler, T. W.（2001）. Literature review on correlations of the non–Darcy coefficient. In *Paper presented at the SPE permian basin oil and gas recovery conference*, Midland, Texas. https：//doi.org/10.2118/70015–MS.

Li, D., Svec, R. K., Engler, T. W., & Grigg, R. B.（2001）. Modeling and simulation of the wafer non–Darcy flow experiments. In *Paper presented at the SPE western regional meeting*, Bakersfield, California. https：//doi.org/10.2118/68822–MS.

Li, D., Xu, C., Wang, J. Y., & Lu, D.（2014）. Effect of Knudsen diffusion and Langmuir adsorption on pressure transient response in tight–and shale–gas reservoirs. *Journal of Petroleum Science and Engineering*, 124, 146–154. https：// doi.org/10.1016/j.petrol.2014.10.012.

Li, L., & Lee, S. H.（2008）. Efficient field–scale simulation of black oil in a naturally fractured reservoir through discrete fracture networks and homogenized media. *SPE Reservoir Evaluation & Engineering*, 11(04), 750–758. https：// doi.org/10.2118/103901–PA.

Li, Z. Y., Zhang, X. X., & Liu, Y.（2017）. Pore–scale simulation of gas diffusion in unsaturated soil aggregates: Accuracy of the dusty–gas model and the impact of saturation. *Geoderma*, 303, 196–203. https：//doi.org/10.1016/j.geoderma.2017. 05.008.

Lie, K.–A., Møyner, O., & Natvig, J. R.（2017）. Use of multiple multiscale operators to accelerate simulation of complex geomodels. SPE *Journal*, 22（06）, 1929–1945. https：// doi.org/10.2118/182701–PA.

Lim, K. T., & Aziz, K.（1995）. Matrix–fracture transfer shape factors for dual–porosity simulators. Journal of Petroleum Science and Engineering, 13（3）, 169–178. https：//doi.org/ 10.1016/0920–4105（95）00010–F.

Lim, K.–T., Hui, M.–H., & Mallison, B. T.（2009）. A next–generation reservoir simulator as an enabling technology for a complex discrete fracture modeling workflow. In *Paper presented at the SPE annual technical conference and exhibition*, New Orleans, Louisiana. https：//doi.org/ 10.2118/124980–MS.

Liu, F., Ellett, K., Xiao, Y., John, A., & Rupp.（2013）. Assessing the feasibility of CO_2 storage in the New Albany Shale（DevonianeMississippian）with potential enhanced gas recovery using reservoir simulation. *International Journal of Greenhouse Gas Control*, 17, 111–126. https：//doi.org/ 10.1016/j.ijggc.2013.04.018.

Liu, X., Civan, F., & Evans, R. D.（1995）. Correlation of the non–Darcy flow coefficient. *Journal of Canadian Petroleum Technology*, 34（10）, 50–54. https：//doi.org/10.2118/95–10–05.

Löhr, S. C., Baruch, E. T., Hall, P. A., & Kennedy, M. J.（2015）. Is organic pore development in gas shales influenced by the primary porosity and structure of thermally immature organic matter？ *Organic Geochemistry*, 87, 119–132. https：//doi.org/10.1016/j.orggeochem.2015.07.010.

Long, Y., Sliwinska-Bartkowiak, M., Drozdowski, H., Kempinski, M., Phillips, K. A., Palmer, J. C., et al. (2013). High pressure effect in nanoporous carbon materials: Effects of pore geometry. *Colloids and Surfaces A–Physicochemical and Engineering Aspects*, 437, 33–41. https：//doi.org/10.1016/j.colsurfa.2012.11.024.

Lora, R. V. (2015). *Geomechanical characterization of Marcellus shale*. Master of Science. The University of Vermont.

Loucks, R. G., & Ruppel, S. C. (2007). Mississippian Barnett Shale: Lithofacies and depositional setting of a deepwater shale-gas succession in the Fort Worth Basin, Texas. *AAPG Bulletin*, 91 (4), 579–601. https：//doi.org/10.1306/ 11020606059.

Loucks, R. G., Reed, R. M., Ruppel, S. C., & Hammes, U. (2012). Spectrum of pore types and networks in mudrocks and a descriptive classification for matrix-related mudrock pores. *AAPG Bulletin*, 96 (5), 1071–1098. https：//doi.org/ 10.1306/08171111061.

Loucks, R. G., Reed, R. M., Ruppel, S. C., & Jarvie, D. M. (2009). Morphology, genesis, and distribution of nanometer-scale pores in siliceous mudstones of the mississippian Barnett shale. *Journal of Sedimentary Research*, 79 (12), 848–861. https：//doi.org/10.2110/ jsr.2009.092.

Loucks, R. G., Reed, R., Ruppel, S. C., & Hammes, U. (2012). Spectrum of pore types and networks in mudrocks and a descriptive classification for matrix-related mudrock pores. *AAPG Bulletin*, 96 (6), 1071–1098.

Loucks, R., & Reed, R. (2014). Scanning-electron-microscope petrographic evidence for distinguishing organic matter pores associated with depositional organic matter versus migrated organic matter in mudrocks. *GCAGS Journal*, 3, 51–60.

Loucks, R., & Ruppel, S. (2007). *Mississippian Barnett Shale: Lithofacies and depositional setting of a deep-water shale-gas succession in the Fort Worth Basin* (Vol. 91). Texas.

Lu, S., Huang, W., Chen, F., Li, J., Wang, M., Xue, H., et al. (2012). Classification and evaluation criteria of shale oil and gas resources: Discussion and application. *Petroleum Exploration and Development*, 39 (2), 268–276. https：// doi.org/10.1016/S1876-3804 (12) 60042-1.

Lu, X. C., Li, F. C., & Watson, A. T. (1995a). Adsorption measurements in devonian shales. *Fuel*, 74 (4), 599–603. https：//doi.org/10.1016/0016-2361 (95) 98364-K.

Lu, X. C., Li, F. C., & Watson, A. T. (1995b). Adsorption studies of natural-gas storage in devonian shales. *SPE Formation Evaluation*, 10 (2), 109–113. https：//doi.org/10.2118/26632-Pa.

Macdonald, I. F., Elsayed, M. S., Mow, K., & Dullien, F. A. L. (1979). Flow through porous-media e Ergun equation revisited. *Industrial & Engineering Chemistry Fundamentals*, 18 (3), 199–208. https：//doi.org/10.1021/i160071a001.

Macquaker, J. H. S., Keller, M. A., & Davies, S. J. (2010). Algal blooms and Marine snow: Mechanisms that enhance preservation of organic carbon in ancient fine-grained sediments. *Journal of Sedimentary Research*, 80 (11), 934–942. https：//doi.org/10.2110/jsr.2010.085.

Mallison, B., Hui, M. H., & Narr, W. (2010). *Practical gridding algorithms for discrete fracture modeling workflows*.

Mani, D., Patil, D. J., & Dayal, A. M. (2015). Organic properties and hydrocarbon generation potential of shales from few sedimentary basins of India. In S. Mukherjee (Ed.), *Petroleum Geosciences: Indian Contexts* (pp. 99–126). Cham: Springer International Publishing.

Marongiu-Porcu, M., Wang, X., & Economides, M. J. (2009). Delineation of application and physical and economic optimization of fractured gas wells. In *Paper presented at the SPE production and operations symposium*, *Oklahoma City*, *Oklahoma*. https://doi.org/10.2118/120114-MS.

Mason, E. A., & Malinauskas, A. P. (1983). *Gas transport in porous media: The dusty-gas model*. Elsevier.

Mastalerz, M., Schimmelmann, A., Drobniak, A., & Chen, Y. (2013). Porosity of devonian and mississippian New Albany shale across a maturation gradient: Insights from organic petrology, gas adsorption, and mercury intrusion. *AAPG Bulletin*, 97, 1621-1643.

Matthäi, S. K., Mezentsev, A., & Belayneh, M. (2005). Control-volume finite-element two-phase flow experiments with fractured rock represented by unstructured 3D hybrid meshes. In *Paper presented at the SPE reservoir simulation symposium*, *The Woodlands*, *Texas*. https://doi.org/10.2118/93341-MS.

Maxwell, J. C. (1995). *The scientific letters and papers of James Clerk Maxwell*. Cambridge University Press.

Maxwell, S. C., Urbancic, T. I., Steinsberger, N., & Zinno, R. (2002). Microseismic imaging of hydraulic fracture complexity in the Barnett shale. In *Paper presented at the SPE annual technical conference and exhibition*, *San Antonio*, *Texas*. https://doi.org/10.2118/77440-MS.

Mayerhofer, M. J., Lolon, E. P., Youngblood, J. E., & Heinze, J. R. (2006). Integration of microseismic-fracturemapping results with numerical fracture network production modeling in the Barnett shale. In *Paper presented at the SPE annual technical conference and exhibition*, *San Antonio*, *Texas*, *USA*. https://doi.org/10.2118/102103-MS.

Mayerhofer, M. J., Lolon, E., Warpinski, N. R., Cipolla, C. L., Walser, D. W., & Rightmire, C. M. (2010). What is stimulated reservoir volume? *SPE Production & Operations*, 25(01), 89-98. https://doi.org/10.2118/119890-PA.

McGuire, W. J., & Sikora, V. J. (1960). The effect of vertical fractures on well productivity. *Journal of Petroleum Technology*, 12(10), 72-74. https://doi.org/10.2118/1618-G.

Medeiros, F., Ozkan, E., & Kazemi, H. (2006). A semianalytical, pressure-transient model for horizontal and multilateral wells in composite, layered, and compartmentalized reservoirs. In *Paper presented at the SPE annual technical conference and exhibition*, *San Antonio*, *Texas*, *USA*. https://doi.org/10.2118/102834-MS.

Mengal, S. A., & Wattenbarger, R. A. (2011). Accounting for adsorbed gas in shale gas reservoirs. In *Paper presented at the SPE Middle East oil and gas show and conference*, *Manama*, *Bahrain*. https://doi.org/10.2118/141085-MS.

Meyer, B. R., Bazan, L. W., Henry Jacot, R., & Lattibeaudiere, M. G. (2010). Optimization of multiple transverse hydraulic fractures in horizontal wellbores. In *Paper presented at the SPE unconventional gas conference*, *Pittsburgh*, *Pennsylvania*, *USA*. https://doi.org/10.2118/131732-MS.

Milici, R. C., & Swezey, C. S. (2006). Assessment of Appalachian Basin oil and gas resources: devonian shale-Middle and upper paleozoic total petroleum system. In *Open-file report*.

Milliken, K. L., & Reed, R. M. (2010). Multiple causes of diagenetic fabric anisotropy in weakly consolidated mud, Nankai accretionary prism, IODP Expedition 316. *Journal of Structural Geology*, 32(12), 1887-1898. https://doi.org/10.1016/j.jsg.2010.03.008.

Milliken, K. L., Ko, L. T., Pommer, M. E., & Marsaglia, K. M. (2014). SEM petrography of Eastern Mediterranean sapropels: Analogue data for assessing organic matter in oil and gas shales. *Journal of Sedimentary Research*, 84(11), 961-974.

Milliken, K. L., Rudnicki, M., Awwiller, D. N., & Zhang, T. W. (2013). Organic matter-hosted pore system, Marcellus formation (devonian), Pennsylvania. *AAPG Bulletin*, 97(2), 177-200. https://doi.org/10.1306/07231212048.

Mirzaei, M., & Cipolla, C. L. (2012). A workflow for modeling and simulation of hydraulic fractures in unconventional gas reservoirs. In *Paper presented at the SPE Middle East unconventional gas conference and exhibition*, Abu Dhabi, UAE. https://doi.org/10.2118/153022-MS.

Mitropoulos, A. C. (2008). The Kelvin equation. *Journal of Colloid and Interface Science*, 317(2), 643-648. https://doi.org/10.1016/j.jcis.2007.10.001.

Modica, C. J., & Lapierre, S. G. (2012). Estimation of kerogen porosity in source rocks as a function of thermal transformation: Example from the mowry shale in the powder river basin of Wyoming estimation of kerogen porosity as a function of thermal transformation. *AAPG Bulletin*, 96(1), 87-108. https://doi.org/10.1306/04111110201.

Moghanloo, R. G., Yuan, B., Ingrahama, N., Krampf, E., Arrowooda, J., & Dadmohammadi, Y. (2015). Applying macroscopic material balance to evaluate interplay between dynamic drainage volume and well performance in tight formations. *Journal of Natural Gas Science and Engineering*, 27, 466-478. https://doi.org/10.1016/j.jngse.2015.07.047.

Moinfar, A., Narr, W., Hui, M.-H., Mallison, B. T., & Lee, S. H. (2011). Comparison of discrete-fracture and dual-permeability models for multiphase flow in naturally fractured reservoirs. In *Paper presented at the SPE reservoir simulation symposium*, The Woodlands, Texas, USA. https://doi.org/10.2118/142295-MS.

Moinfar, A., Varavei, A., Sepehrnoori, K., & Johns, R. T. (2013). Development of a coupled dual continuum and discrete fracture model for the simulation of unconventional reservoirs. In *Paper presented at the SPE reservoir simulation symposium*, The Woodlands, Texas, USA. https://doi.org/10.2118/163647-MS.

Moinfar, A., Varavei, A., Sepehrnoori, K., & Johns, R. T. (2014). Development of an efficient embedded discrete fracture model for 3D compositional reservoir simulation in fractured reservoirs. *SPE Journal*, 19(02), 289-303. https://doi.org/10.2118/154246-PA.

Mondol, N. H., Bjørlykke, K., Jahren, J., & Høeg, K. (2007). Experimental mechanical compaction of clay mineral aggregatesdchanges in physical properties of mudstones during burial. *Marine and Petroleum Geology*, 24(5), 289-311. https://doi.org/10.1016/j.marpetgeo.2007.03.006.

Montgomery, S. L., Jarvie, D. M., Bowker, K. A., & Pollastro, R. M. (2005). Mississippian Barnett Shale, Fort Worth basin, north-central Texas: Gas-shale play with multi-trillion cubic foot potential. *American Association of Petroleum Geologists Bulletin*, 89(2), 155-175. https://doi.org/10.1306/09170404042.

Mora, C. A., & Wattenbarger, R. A. (2009). Analysis and verification of dual porosity and CBM shape factors. *Journal of Canadian Petroleum Technology*, 48(02), 17-21. https://doi.org/10.2118/09-02-17.

Morishige, K., & Nobuoka, K. (1997). X-ray diffraction studies of freezing and melting of water confined in a mesoporous adsorbent (MCM-41). *Journal of Chemical Physics*, 107(17), 6965-6969. https://doi.org/10.1063/1.474936.

Morley, C. K., von Hagke, C., Hansberry, R., Collins, A., Kanitpanyacharoen, W., & King, R. (2018). Review of major shale-dominated detachment and thrust characteristics in the diagenetic zone: Part II, rock mechanics and microscopic scale. *Earth-science Reviews*, 176, 19-50. https://doi.org/10.1016/j.earscirev.2017.09.015.

Morris, M. D. (1991). Factorial sampling plans for preliminary computational experiments. *Technometrics*, 33(2), 161-174. https://doi.org/10.2307/1269043.

Mower, M. B. (2005). *Competitive desorption of carbon tetrachloride þ water from mesoporous silica particles*. Thesis (M.S. in chemical engineering). Washington State University. August 2005.

Myers, R. H., Montgomery, D. C., & Anderson-Cook, C. M. (2016). *Response surface methodology: Process and product optimization using designed experiments*. Wiley.

Myong, R. S. (2001). A computational method for Eu's generalized hydrodynamic equations of rarefied and microscale gasdynamics. *Journal of Computational Physics*, 168(1), 47–72. https://doi.org/10.1006/jcph.2000.6678.

Myong, R. S. (2004). Gaseous slip models based on the Langmuir adsorption isotherm. *Physics of Fluids*, 16(1), 104–117. https://doi.org/10.1063/1.1630799.

Myrow, P. M., & Southard, J. B. (1996). Tempestite deposition. *Journal of Sedimentary Research*, 66(5), 875–887. https://doi.org/10.1306/D426842D-2B2611D7-8648000102C1865D.

Naraghi, M. E., & Javadpour, F. (2015). A stochastic permeability model for the shale-gas systems. *International Journal of Coal Geology*, 140, 111–124. https://doi.org/10.1016/j.coal.2015.02.004.

Narr, W., Schechter, D. S., & Thompson, L. B. (2006). *Naturally fractured reservoir characterization*. Society of Petroleum Engineers.

Nashawi, I. S., & Malallah, A. H. (2007). Well test analysis of finite-conductivity fractured wells producing at constant bottomhole pressure. *Journal of Petroleum Science and Engineering*, 57(3), 303–320. https://doi.org/10.1016/j.petrol.2006.10.009.

Naumov, S., Valiullin, R., Monson, P. A., & Karger, J. (2008). Probing memory effects in confined fluids via diffusion measurements. *Langmuir*, 24(13), 6429–6432. https://doi.org/10.1021/la801349y.

Nelson, P. H. (2009). Pore-throat sizes in sandstones, tight sandstones, and shales. *Aapg Bulletin*, 93(3), 329–340. https://doi.org/10.1306/10240808059.

Nelson, P. H., & Batzle, M. L. (2006). Petroleum engineering handbook. Vols (7–8). In *Single-Phase Permeability*. Richardson, TX: Society of Petroleum Engineers.

NETL. (2011). *A comparative study of the Mississippian Barnett shale, Fort Worth Basin, and devonian Marcellus shale, Appalachian Basin*. U.S. Department of Energy.

NETL. (2011). *Shale gas: Applying technology to solve America's energy challenges*. Washington, DC: U.S. Department of Energy.

Nghiem, L. X. (1983). Modeling infinite-conductivity vertical fractures with source and sink terms. *Society of Petroleum Engineers Journal*, 23(04), 633–644. https://doi.org/10.2118/10507-PA.

Nojabaei, B., Johns, R. T., & Chu, L. (2013). Effect of capillary pressure on phase behavior in tight rocks and shales. *SPE Reservoir Evaluation & Engineering*, 16(3), 281–289. https://doi.org/10.2118/159258-Pa.

Nolte, K. G. (1986). Determination of proppant and fluid schedules from fracturing-pressure decline. *SPE Production Engineering*, 1(04), 255–265. https://doi.org/10.2118/13278-PA.

Noorishad, J., & Mehran, M. (1982). An upstream finite element method for solution of transient transport equation in fractured porous media. *Water Resources Research*, 18(3), 588–596. https://doi.org/10.1029/WR018i003p00588.

Nordgren, R. P. (1972). Propagation of a vertical hydraulic fracture. *Society of Petroleum Engineers Journal*, 12(04), 306–314. https://doi.org/10.2118/3009-PA.

Novlesky, A., Kumar, A., & Merkle, S. (2011). Shale gas modeling workflow: From microseismic to simulation – a horn river case study. In *Paper presented at the Canadian unconventional resources conference, Calgary, Alberta, Canada*. https://doi.org/10.2118/148710-MS.

Nuhfer, E. B., Vinopal, R. J., & Klanderman, D. S. (1979). *X-radiograph Atlas of lithotypes and other structures in the devonian shale sequence of West Virginia and Virginia*. Department of Energy, Morgantown Energy Technology Center.

Nuttal, B. C., Eble, C., Bustin, R. M., & Drahovzal, J. A. (2005). Analysis of Devonian black shales in kentucky for potential carbon dioxide sequestration and enhanced natural gas production. In E. S. Rubin, D. W. Keith, C. F. Gilboy, M. Wilson, T. Morris, J. Gale, et al. (Eds.), *Greenhouse gas control technologies* 7 (pp. 2225-2228). Oxford: Elsevier Science Ltd.

Olorode, O., Freeman, C. M., George, M., & Blasingame, T. A. (2013). High-resolution numerical modeling of complex and irregular fracture patterns in shale-gas reservoirs and tight gas reservoirs. *SPE Reservoir Evaluation & Engineering*, 16 (04), 443-455. https: //doi.org/10.2118/152482-PA.

Ozkan, E., Brown, M. L., Raghavan, R., & Kazemi, H. (2011). Comparison of fractured-horizontal-well performance in tight sand and shale reservoirs. *SPE Reservoir Evaluation & Engineering*, 14 (02), 248-259. https: //doi.org/10.2118/ 121290-PA.

Palmer, I., & Mansoori, J. (1998). How permeability depends on stress and pore pressure in coalbeds: A new model. *SPE Reservoir Evaluation & Engineering*, 1 (06), 539-544. https: //doi.org/10.2118/52607-PA.

Pang, Y., Soliman, M. Y., Deng, H., & Xie, X. (2017). Experimental and analytical investigation of adsorption effects on shale gas transport in organic nanopores. *Fuel*, 199, 272-288. https: //doi.org/10.1016/j.fuel.2017.02.072.

Papazis, P. K. (2005). *Petrographic characterization of the Barnett shale*. Texas: Fort Worth Basin. http://worldcat.org.

Paper presented at the SPE/DOE low permeability gas reservoirs symposium, Denver, Colorado. https: //doi.org/10.2118/ 13863-MS.

Pascal, H., & Quillian, R. G. (1980). Analysis of vertical fracture length and non-Darcy flow coefficient using variable rate tests. In *Paper presented at the SPE annual technical conference and exhibition, Dallas, Texas*. https: //doi.org/10.2118/93 48-MS.

Passey, Q. R., Bohacs, K., Esch, W. L., Klimentidis, R., & Sinha, S. (2010). From oil-prone source rock to gas-producing shale reservoir-geologic and petrophysical characterization of unconventional shale gas reservoirs. In *Paper presented at the international oil and gas conference and exhibition in China, Beijing, China*. https: //doi.org/10.2118/ 131350-MS.

Passey, Q. R., Moretti, F. J., Kulla, J. B., Creaney, S., & Stroud, J. D. (1990). A practical model for organic richness from porosity and resistivity logs (Vol. 74).

Patzek, T. W., Frank, M., & Marder, M. (2013). Gas production in the Barnett Shale obeys a simple scaling theory. *Proceedings of the National Academy of Sciences*, 110 (49), 19731.

Peaceman, D. W. (1978). Interpretation of well-block pressures in numerical reservoir simulation (includes associated paper 6988). *Society of Petroleum Engineers Journal*, 18 (03), 183-194. https: //doi.org/10.2118/6893-PA.

Peaceman, D. W. (1983). Interpretation of well-block pressures in numerical reservoir simulation with nonsquare grid blocks and anisotropic permeability. *Society of Petroleum Engineers Journal*, 23 (03), 531-543. https: //doi.org/10.2118/ 10528-PA.

Pedrosa, O. A., Jr. (1986). Pressure transient response in stress-sensitive formations. In *Paper presented at the SPE California regional meeting, Oakland, California*. https: //doi.org/ 10.2118/15115-MS.

Pemper, R. R., Han, X., Mendez, F. E., Jacobi, D., LeCompte, B., Bratovich, M., et al. (2009). The direct measurement of carbon in wells containing oil and natural gas using a pulsed neutron mineralogy tool. In *Paper presented at the SPE annual technical conference and Exhibition, New Orleans, Louisiana*. https: //doi.org/10.2118/124234-MS.

Pemper, R. R., Sommer, A., Guo, P., Jacobi, D., Longo, J., Bliven, S., et al. (2006). A new pulsed neutron sonde for derivation of formation lithology and mineralogy. In *Paper presented at the SPE annual technical conference and exhibition*, San Antonio, Texas, USA. https://doi.org/10.2118/102770MS.

Perkins, T. K., & Kern, L. R. (1961). Widths of hydraulic fractures. *Journal of Petroleum Technology*, 13 (09), 937–949. https://doi.org/10.2118/89-PA.

Peters, K. E., & Cassa, M. R. (1994). Applied source rock geochemistry. In AAPG *memoir* (Vol. 60, pp. 93–120).

Plint, A. G., Macquaker, J. H. S., & Varban, B. (2012). Bedload transport of mud across a wide, storm-influenced ramp: Cenomanian–Turonian Kaskapau formation, Western Canada foreland basin–reply. *Journal of Sedimentary Research*, 82.

Pommer, M. E. (2014). Quantitative assessment of pore types and pore size distribution across thermal maturity, Eagle Ford Formation, South Texas. In *Master of science in geological sciences*. The University of Texas at Austin.

Pommer, M., & Milliken, K. (2015). Pore types and pore-size distributions across thermal maturity, eagle Ford formation, southern TexasPores across thermal maturity, Eagle Ford. *AAPG Bulletin*, 99 (9), 1713–1744. https://doi.org/ 10.1306/03051514151.

Potter, P. E., Maynard, J. B., & Pryor, W. A. (1980). *Final report of special geological, geochemical, and petrological studies of the Devonian shales in the Appalachian Basin. Cincinnati University*. OH (USA): H.N. Fisk Laboratory of Sedimentology.

Prats, M. (1961). Effect of vertical fractures on reservoir behavior–incompressible fluid case. *Society of Petroleum Engineers Journal*, 1 (02), 105–118. https://doi.org/10.2118/ 1575-G.

Pruess, K., & Narasimhan, T. N. (1982). *Practical method for modeling fluid and heat flow in fractured porous media, conference: 6. Symposium on reservoir simulation, New Orleans, LA, USA, 1 Feb 1982; other information: Portions of document are illegible*. CA (USA): Lawrence Berkeley Lab.

Pu, H., & Li, Y. (2015). CO_2 EOR mechanisms in bakken shale oil reservoirs. In *Paper Presented at the Carbon Management Technology Conference, Sugar Land, Texas*, 2015/11/17. https://doi.org/10.7122/439769-MS.

Quirein, J., Witkowsky, J., Truax, J. A., Galford, J. E., Spain, D. R., & Odumosu, T. (2010). Integrating core data and wireline geochemical data for formation evaluation and characterization of shale-gas reservoirs. In *Paper presented at the SPE annual technical conference and exhibition, Florence, Italy*, 2010/1/1. https://doi.org/10.2118/ 134559-MS.

R. C. Kepferle (Ed.), *Estimates of unconventional natural gas resources of the Devonian Shales of the appalachian basin*.

Radhakrishnan, R., Gubbins, K. E., & Sliwinska-Bartkowiak, M. (2002). Global phase diagrams for freezing in porous media. *Journal of Chemical Physics*, 116 (3), 1147–1155. https://doi.org/10.1063/1.1426412.

Raghavan, R., & Chin, L. Y. (2004). Productivity changes in reservoirs with stress-dependent permeability. *SPE Reservoir Evaluation & Engineering*, 7 (4), 308–315. https://doi.org/ 10.2118/88870-Pa.

Ramirez, T. R., Klein, J. D., Ron, B., & Howard, J. J. (2011). Comparative study of formation evaluation methods for unconventional shale gas reservoirs: Application to the Haynesville shale (Texas). In *Paper presented at the North American unconventional gas conference and exhibition, The Woodlands, Texas, USA*, 2011/1/1. https://doi.org/10.2118/ 144062-MS.

Rathakrishnan, E. (2004). *Gas dynamics*. Prentice Hall of India private limited.

Ravikovitch, P. I., & Neimark, A. V. (2001). Characterization of nanoporous materials from adsorption and desorption isotherms. *Colloids and Surfaces A–Physicochemical and Engineering Aspects*, 187, 11–21.

https://doi.org/10.1016/ S0927-7757（01）00614-8.

Reed, R., & Ruppel, S.（2012）. Pore morphology and distribution in the cretaceous Eagle Ford shale, south Texas, USA. *Gulf Coast Association of Geological Societies*, 62, 599-603.

Reid, R. C.（1977）. The properties of gases and liquids/Robert C. Reid, John M. Prausnitz, Thomas K. Sherwood. In J. M. Prausnitz, & T. K. Sherwood（Eds.）, *McGraw-Hill chemical engineering series*. New York: McGraw-Hill.

Rezaee, R.（2015）. *Fundamentals of gas shale reservoirs*. Wiley.

Rickman, R., Mullen, M. J., Petre, J. E., Grieser, W. V., & Kundert, D.（2008）. A practical use of shale petrophysics for stimulation design optimization: All shale plays are not clones of the Barnett shale. In *Paper presented at the SPE annual technical conference and exhibition, Denver, Colorado, USA*. https://doi.org/10.2118/115258-MS.

Rider, M. H.（2002）. *The geological interpretation of well logs*. Rider-French Consulting.

Roen, J. B.（1993）. Petroleum geology of the Devonian and Mississippian black shale of eastern North America. In

Rokosh, C. D., Pawlowicz, J. G., Berhane, H., Anderson, S. D. A., & Beaton, A. P.（2008）. *What is shale gas? An introduction to shale-gas geology in Alberta*. Energy Resources Conservation Board.

Ross, D. J. K., & Bustin, R. M.（2006）. Sediment geochemistry of the lower Jurassic Gordondale member, northeastern *British columbia. Bulletin of Canadian Petroleum Geology*, 54（4）, 337-365. https://doi.org/10.2113/gscpgbull.54.4.337.

Ross, D. J. K., & Bustin, R. M.（2007）. Impact of mass balance calculations on adsorption capacities in microporous shale gas reservoirs. *Fuel*, 86（17）, 2696-2706. https://doi.org/ 10.1016/j.fuel.2007.02.036.

Ross, D. J. K., & Bustin, R. M.（2007）. Shale gas potential of the lower jurassic gordondale member, northeastern British Columbia, Canada. *Bulletin of Canadian Petroleum Geology*, 55（1）, 51-75. https://doi.org/10.2113/gscpgbull.55.1.51.

Ross, D. J. K., & Bustin, R. M.（2009）. The importance of shale composition and pore structure upon gas storage potential of shale gas reservoirs. *Marine and Petroleum Geology*, 26（6）, 916-927. https://doi.org/10.1016/j.marpetgeo.2008.06.004.

Rouquerol, J., Avnir, D., Fairbridge, C. W., Everett, D. H., Haynes, J. M., Pernicone, N., et al.（1994）. Recommendations for the characterization of porous solids（Technical Report）. In *Pure and Applied Chemistry*.

Roy, S., Raju, R., Chuang, H. F., Cruden, B. A., & Meyyappan, M.（2003）. Modeling gas flow through micro-channels and nanopores. *Journal of Applied Physics*, 93（8）, 4870-4879. https://doi.org/10.1063/1.1559936.

Rubin, B.（2010）. Accurate simulation of non Darcy flow in stimulated fractured shale reservoirs. In *Paper presented at the SPE western regional meeting, Anaheim, California, USA*. https://doi.org/10.2118/132093-MS.

Ruessink, B. H., & Harville, D. G.（1992）. Quantitative analysis of bulk mineralogy: The applicability and performance of XRD and FTIR. In *Paper presented at the SPE formation damage control symposium, Lafayette, Louisiana*. https://doi.org/ 10.2118/23828-MS.

Russo, P. A., Carrott, M. M. L. R., & Carrott, P. J. M.（2012）. Trends in the condensation/evaporation and adsorption enthalpies of volatile organic compounds on mesoporous silica materials. *Microporous and Mesoporous Materials*, 151, 223-230. https://doi.org/10.1016/j.micromeso.2011. 10.032.

Rutter, E., Mecklenburgh, J., & Taylor, K.（2017）. Geomechanical and petrophysical properties of mudrocks: Introduction. *Geological Society, London, Special Publications*, 454（1）, 1-13. https://doi.

org/10.1144/sp454.16.

Saidi, A. M. (1983). Simulation of naturally fractured reservoirs. In *Paper presented at the SPE reservoir simulation symposium*, San Francisco, California. https://doi.org/10.2118/12270-MS.

Sakhaee-Pour, A., & Bryant, S. L. (2012). Gas permeability of shale. *SPE Reservoir Evaluation & Engineering*, 15(4), 401-409. https://doi.org/10.2118/146944-Pa.

Samier, P., Onaisi, A., & Fontaine, G. (2003). Coupled analysis of geomechanics and fluid flow in reservoir simulation. In *Paper presented at the SPE reservoir simulation symposium*, Houston, Texas. https://doi.org/10.2118/79698-MS.

Scheidegger, A. E. (1958). The physics of flow through porous media. *Soil Science*, 86(6).

Schepers, K. C., Nuttall, B. C., Oudinot, A. Y., & Gonzalez, R. J. (2009). Reservoir modeling and simulation of the devonian gas shale of eastern Kentucky for enhanced gas recovery and CO_2 storage. In Paper presented at the SPE international conference on CO_2 capture, Storage, and utilization, San Diego, California, USA, 2009/1/1. https://doi.org/10.2118/126620-MS.

Schieber, J. (2011). Reverse engineering mother nature d shale sedimentology from an experimental perspective. *Sedimentary Geology*, 238(1), 1-22. https://doi.org/10.1016/j.sedgeo.2011.04.002.

Schieber, J., Southard, J., &Kevin, T. (2007).Accretion of mudstone beds from migrating floccule ripples. *Science*, 318(5857), 1760-1763. https://doi.org/10.1126/science.1147001.

Serra, K., Reynolds, A. C., & Raghavan, R. (1983). New pressure transient analysis methods for naturally fractured reservoirs (includes associated papers 12940 and 13014). *Journal of Petroleum Technology*, 35(12), 2271-2283. https://doi.org/10.2118/10780-PA.

Settari, A., Bachman, R. C., Hovem, K. A., & Paulsen, S. G. (1996). Productivity of fractured gas condensate wells-a case study of the Smorbukk field. *SPE Reservoir Engineering*, 11(04), 236-244. https://doi.org/10.2118/35604-PA.

Settari, A., Puchyr, P. J., & Bachman, R. C. (1990). Partially decoupled modeling of hydraulic fracturing processes. *SPE Production Engineering*, 5(01), 37-44. https://doi.org/10.2118/16031-PA.

Sheng, G. L., Su, Y. L., Wang, W. D., Liu, J. H., Lu, M. J., Zhang, Q., et al. (2015). A multiple porosity media model for multi-fractured horizontal wells in shale gas reservoirs. *Journal of Natural Gas Science and Engineering*, 27, 1562-1573. https://doi.org/10.1016/j.jngse.2015.10.026.

Sheng, G., Javadpour, F., & Su, Y. (2018). Effect of microscale compressibility on apparent porosity and permeability in shale gas reservoirs. *International Journal of Heat and Mass Transfer*, 120, 56-65. https://doi.org/10.1016/j.ijheatmas stransfer.2017.12.014.

Sheng, J. J. (2015a). Enhanced oil recovery in shale reservoirs by gas injection. *Journal of Natural Gas Science and Engineering*, 22, 252-259. https://doi.org/10.1016/j.jngse.2014.12.002.

Sheng, J. J. (2015b). Increase liquid oil production by huff-npuff of produced gas in shale gas condensate reservoirs. *Journal of Unconventional Oil and Gas Resources*, 11, 19-26. https://doi.org/10.1016/j.juogr.2015.04.004.

Sheng, M., Li, G., Huang, Z., Tian, S., Shah, S., & Geng, L. (2015). Pore-scale modeling and analysis of surface diffusion effects on shale-gas flow in Kerogen pores. *Journal of Natural Gas Science and Engineering*, 27, 979-985. https://doi.org/10.1016/j.jngse.2015.09.033.

Shi, J.-Q., & Durucan, S. (2008). Modelling of mixed-gas adsorption and diffusion in Coalbed reservoirs. In *Paper presented at the SPE unconventional reservoirs conference*, Keystone, Colorado, USA, 2008/1/1. https://doi.org/10.2118/114197-MS.

Shim, W. G., Lee, J. W., & Moon, H. (2006). Heterogeneous adsorption characteristics of volatile organic compounds (VOCs) on MCM-48. *Separation Science and Technology*, 41(16), 3693-3719. https://

doi.org/10.1080/01496390 600956936.

Sigal, R. F. (2015). Pore-size distributions for organic-shalereservoir rocks from nuclear-magnetic-resonance spectra combined with adsorption measurements. *SPE Journal*, 20 (4), 824–830. https://doi.org/10.2118/174546-Pa.

Sigmund, P. M. (1976a). Prediction of molecular-diffusion at reservoir conditions .1. Measurement and prediction of binary dense gas-diffusion coefficients. *Journal of Canadian Petroleum Technology*, 15 (2), 48–57. https://doi.org/10.2118/76-02-05.

Sigmund, P. M. (1976b). Prediction of molecular diffusion at reservoir conditions. Part II-estimating the effects of molecular diffusion and convective mixing in multicomponent systems. *Journal of Canadian Petroleum Technology*, 15 (03), 11. https://doi.org/10.2118/76-03-07.

Silin, D., & Kneafsey, T. (2012). Shale gas: Nanometer-scale observations and well modelling. *Journal of Canadian Petroleum Technology*, 51 (6), 464–475. https://doi.org/10.2118/149489-Pa.

Sing, K. S. W. (1982). Reporting physisorption data for gas solid systems e with special reference to the determination of surface-area and porosity. *Pure and Applied Chemistry*, 54 (11), 2201–2218. https://doi.org/10.1351/pac198254 112201.

Singh, H., & Javadpour, F. (2016). Langmuir slip-Langmuir sorption permeability model of shale. *Fuel*, 164, 28–37. https://doi.org/10.1016/j.fuel.2015.09.073.

Singh, H., Javadpour, F., Ettehadtavakkol, A., & Darabi, H. (2014). Nonempirical apparent permeability of shale. *SPE Reservoir Evaluation & Engineering*, 17 (03), 414–424. https://doi.org/10.2118/170243-PA.

Singh, S. K., Sinha, A., Deo, G., & Singh, J. K. (2009). Vapor-liquid phase coexistence, critical properties, and surface tension of confined alkanes. *Journal of Physical Chemistry C*, 113 (17), 7170–7180. https://doi.org/10.1021/jp8073915.

Sinha, S., Braun, E. M., Determan, M. D., Passey, Q. R., Leonardi, S. A., Boros, J. A., et al. (2013). Steady-state permeability measurements on intact shale samples at reservoir conditions e effect of stress, temperature, pressure, and type of gas. In *Paper presented at the SPE Middle East oil and gas show and conference, Manama, Bahrain*. https://doi.org/10.2118/164263-MS.

Sobol, I. M. (1993). Sensitivity estimates foe nonlinear mathematical models. *MMCE*, 1 (4), 8.

Sondergeld, C. H., & Rai, C. S. (1993). A new exploration tool: Quantitative core characterization. Pure and Applied Geophysics, 141 (2), 249–268. https://doi.org/10.1007/BF00998331.

Sondergeld, C. H., Ambrose, R. J., Rai, C. S., & Moncrieff, J. (2010). Micro-Structural studies of gas shales. In *Paper presented at the SPE unconventional gas conference, Pittsburgh, Pennsylvania, USA*. https://doi.org/10.2118/131771-MS.

Sondergeld, C. H., Newsham, K. E., Comisky, J. T., Rice, M. C., & Rai, C. S. (2010). Petrophysical considerations in evaluating and producing shale gas resources. *In Paper presented at the SPE unconventional gas conference, Pittsburgh, Pennsylvania, USA*. https://doi.org/10.2118/131768-MS.

Sone, H., & Zoback, M. D. (2013). Mechanical properties of shale-gas reservoir rocks d Part 1: Static and dynamic elastic properties and anisotropy. *Geophysics*, 78 (5), D381eD392. https://doi.org/10.1190/geo2013-0050.1.

Song, W. H., Yao, J., Li, Y., Sun, H., Zhang, L., Yang, Y. F., et al. (2016). Apparent gas permeability in an organic-rich shale reservoir. *Fuel*, 181, 973–984. https://doi.org/10.1016/j.fuel.2016.05.011.

Sorensen, J. A., & Hamling, J. A. (2016). Historical Bakken test data provide critical insights on EOR in tight oil plays. The American Oil & Gas Reporter. https://www.aogr.com/magazine/cover-story/historicalbakken-test-data-providecritical-insights-on-eor-in-tight-oil-p/.

Stalgorova, K., & Mattar, L. (2013). Analytical model for unconventional multifractured composite systems. *SPE Reservoir Evaluation & Engineering*, 16 (03), 246-256. https://doi.org/10.2118/162516-PA.

Stewart, G. (2011). *Well test design & analysis*. PennWell.

Stiel, L. I., & George, T. (1962). Lennard-Jones force constants predicted from critical properties. *Journal of Chemical & Engineering Data*, 7 (2), 234-236. https://doi.org/10.1021/je60013a023.

Storn, R., & Price, K. (1995). *Differential evolution: A simple and efficient adaptive scheme for global optimization over continuous spaces*. ICSI.

Stow, D. A. V., Huc, A. Y., & Bertrand, P. (2001). Depositional processes of black shales in deep water. *Marine and Petroleum Geology*, 18 (4), 491-498. https://doi.org/10.1016/S0264-8172(01)00012-5.

Strapoc, D., Mastalerz, M., Schimmelmann, A., Drobniak, A., & Hasenmueller, N. R. (2010). Geochemical constraints on the origin and volume of gas in the New Albany shale (Devonian-Mississippian), Eastern Illinois basin. *American Association of Petroleum Geologists Bulletin*, 94 (11), 1713-1740. https://doi.org/10.1306/06301009197.

Sumner, M. E. (1999). *Handbook of soil science*. Taylor & Francis.

Tabatabaie, S. H., Pooladi-Darvish, M., Mattar, L., & Tavallali, M. (2017). Analytical modeling of linear flow in pressure-sensitive formations. SPE *Reservoir Evaluation & Engineering*, 20 (01), 215-227. https://doi.org/10.2118/181755-PA.

Tanchoux, N., Trens, P., Maldonado, D., Di Renzo, F., & Fajula, F. (2004). The adsorption of hexane over MCM-41 type materials. *Colloids and Surfaces A-Physicochemical and Engineering Aspects*, 246 (1-3), 1-8. https://doi.org/10.1016/j.colsurfa.2004.05.033.

Tannich, J. D., & Nierode, D. E. (1985). *The effect of vertical fractures on gas well productivity*. Society of Petroleum Engineers.

Tavassoli, S., Yu, W., Javadpour, F., & Sepehrnoori, K. (2013). Well screen and optimal time of refracturing: A Barnett shale well. *Journal of Petroleum Engineering*, 10. https://doi.org/10.1155/2013/817293, 2013.

Teklu, T. W., Alharthy, N., Kazemi, H., Yin, X. L., Graves, R. M., & AlSumaiti, A. M. (2014). Phase behavior and minimum miscibility pressure in nanopores. *SPE Reservoir Evaluation & Engineering*, 17 (3), 396-403. https://doi.org/10.2118/168865-Pa.

Tene, M., Bosma, S. B. M., Al Kobaisi, M. S., & Hajibeygi, H. (2017). Projection-based embedded discrete fracture model (pEDFM). *Advances in Water Resources*, 105, 205-216. https://doi.org/10.1016/j.advwatres.2017.05.009.

Terzaghi, K. (1943). *Theoretical soil mechanics*. J. Wiley and Sons, Inc.

Thauvin, F., & Mohanty, K. K. (1998). Network modeling of non-Darcy flow through porous media. *Transport in Porous Media*, 31 (1), 19-37. https://doi.org/10.1023/A:1006558926606.

thermal operations and heavy oil symposium, Calgary, Alberta, Canada. https://doi.org/10.2118/97879-MS.

Thomas, L. K., Dixon, T. N., & Pierson, R. G. (1983). Fractured reservoir simulation. *Society of Petroleum Engineers Journal*, 23 (01), 42-54. https://doi.org/10.2118/9305-PA.

Thommes, M., & Cychosz, K. A. (2014). Physical adsorption characterization of nanoporous materials: Progress and challenges. *Adsorption-journal of the International Adsorption Society*, 20 (2-3), 233-250. https://doi.org/10.1007/s10450-014-9606-z.

Thommes, M., & Findenegg, G. H. (1994). Pore condensation and critical-point shift of a fluid in controlled-pore glass. *Langmuir*, 10 (11), 4270-4277. https://doi.org/10.1021/la00023a058.

Thompson, J. M., Mangha, V. O., & Anderson, D. M. (2011). Improved shale gas production forecasting using a simplified analytical method-A Marcellus case study. In *Paper presented at the North American unconventional gas conference and exhibition*, The Woodlands, Texas, USA. https://doi.org/10.2118/144436-MS.

Thomson, W. (1872). 4. On the equilibrium of vapour at a curved surface of liquid. *Proceedings of the Royal Society of Edinburgh*, 7, 63–68. https://doi.org/10.1017/S0370164600041729.

Tinsley, J. M., Williams, J. R., Jr., Tiner, R. L., & Malone, W. T. (1969). Vertical fracture height-its effect on steady-state production increase. *Journal of Petroleum Technology*, 21(05), 633–638. https://doi.org/10.2118/1900-PA.

Tissot, B. P., & Welte, D. H. (1984). *Petroleum formation and occurrence*. Springer Berlin Heidelberg.

Tovar, F. D., Eide, O., Graue, A., & Schechter, D. S. (2014). Experimental investigation of enhanced recovery in unconventional liquid reservoirs using CO_2: A look ahead to the future of unconventional EOR. In *Paper presented at the SPE unconventional resources conference*, The Woodlands, Texas, USA, 2014/4/1. https://doi.org/10.2118/169022-MS.

Trabucho-Alexandre, J., Hay, W., & De Boer, P. (2012). *Phanerozoic environments of black shale deposition and the Wilson Cycle* (Vol. 3).

Tran, D., Buchanan, L., & Nghiem, L. (2010). Improved gridding technique for coupling geomechanics to reservoir flow. *SPE Journal*, 15(1), 64–75. https://doi.org/10.2118/115514-Pa.

Tran, D., Nghiem, L., & Buchanan, L. (2005a). An overview of iterative coupling between geomechanical deformation and reservoir flow. In *Paper presented at the SPE international*

Tran, D., Nghiem, L., & Buchanan, L. (2005b). Improved iterative coupling of geomechanics with reservoir simulation. In *Paper presented at the SPE reservoir simulation symposium*, The Woodlands, Texas. https://doi.org/10.2118/93244-MS.

Tran, D., Nghiem, L., & Buchanan, L. (2009). Aspects of coupling between petroleum reservoir flow and geomechanics. In *Paper presented at the 43rd U.S. Rock mechanics symposium & 4th U.S. e Canada rock mechanics symposium*, Asheville, North Carolina.

Tran, D., Settari, A., & Nghiem, L. (2002). New iterative coupling between a reservoir simulator and a geomechanics module. In *Paper presented at the SPE/ISRM rock mechanics conference*, Irving, Texas. https://doi.org/10.2118/78192-MS.

Tran, D., Settari, A., & Nghiem, L. (2004). New iterative coupling between a reservoir simulator and a geomechanics module. *SPE Journal*, 9(3), 362–368. https://doi.org/10.2118/88989-Pa.

Travalloni, L., Castier, M., Tavares, F. W., & Sandler, S. I. (2010). Critical behavior of pure confined fluids from an extension of the van der Waals equation of state. *Journal of Supercritical Fluids*, 55(2), 455–461. https://doi.org/10.1016/j.supflu.2010.09.008.

Tzoulaki, D., Heinke, L., Lim, H., Li, J., Olson, D., Caro, J., et al. (2009). Assessing surface permeabilities from transient guest profiles in nanoporous host materials. *Angewandte Chemie-international Edition*, 48(19), 3525–3528. https://doi.org/10.1002/anie.200804785.

Vega, B., O'Brien, W. J., & Kovscek, A. R. (2010). Experimental investigation of oil recovery from siliceous shale by miscible CO_2 injection. In *Paper presented at the SPE annual technical conference and exhibition*, Florence, Italy, 2010/1/1. https://doi.org/10.2118/135627-MS.

Velde, B. (1996). Compaction trends of clay-rich deep sea sediments. *Marine Geology*, 133(3), 193–201. https://doi.org/10.1016/0025-3227(96)00020-5.

Veltzke, T., & Thoming, J. (2012). An analytically predictive model for moderately rarefied gas flow. *Journal of Fluid Mechanics*, 698, 406–422. https://doi.org/10.1017/jfm.2012.98.

Vermylen, J. P. (2011). *Geomechanical studies of the Barnett shale, Texas, USA*. Doctor of Philosophy. The Department of Geophysics, Stanford University.

Vitel, S., & Souche, L. (2007). Unstructured upgridding and transmissibility upscaling for preferential flow paths in 3D fractured reservoirs. In *Paper presented at the SPE reservoir simulation symposium, Houston, Texas, USA*. https://doi.org/10.2118/106483-MS.

Wan, T., & Liu, H.-X. (2018). Exploitation of fractured shale oil resources by cyclic CO_2 injection. *Petroleum Science*, 15(3), 552–563. https://doi.org/10.1007/s12182-018-0226-1.

Wang, G., & Carr, T. R. (2013). Organic-rich Marcellus shale lithofacies modeling and distribution pattern analysis in the Appalachian Basin Organic-rich shale lithofacies modeling, Appalachian Basin. *AAPG Bulletin*, 97(12), 2173–2205. https://doi.org/10.1306/05141312135.

Wang, J., Luo, H. S., Liu, H. Q., Cao, F., Li, Z. T., & Sepehrnoori, K. (2017). An integrative model to simulate gas transport and production coupled with gas adsorption, non-Darcy flow, surface diffusion, and stress dependence in organic-shale reservoirs. *SPE Journal*, 22(1), 244–264. https://doi.org/10.2118/174996-Pa.

Wang, Q., Chen, X., Jha, A. N., & Rogers, H. (2014). Natural gas from shale formation the evolution, evidences and challenges of shale gas revolution in United States. *Renewable and Sustainable Energy Reviews*, 30, 1–28. https://doi.org/10.1016/j.rser.2013.08.065.

Wang, W., Shahvali, M., & Su, Y. (2015). A semi-analytical fractal model for production from tight oil reservoirs with hydraulically fractured horizontal wells. *Fuel*, 158, 612–618. https://doi.org/10.1016/j.fuel.2015.06.008.

Wang, X., Luo, P., Er, V., & Huang, S.-S. S. (2010). Assessment of CO_2 flooding potential for bakken formation, saskatchewan. In *Paper presented at the Canadian unconventional resources and international petroleum conference, Calgary, Alberta, Canada*. https://doi.org/10.2118/137728-MS.

Warpinski, N., Kramm, R. C., Heinze, J. R., & Waltman, C. K. (2005). Comparison of single-and dual-array microseismic mapping techniques in the Barnett shale. In *Paper presented at the SPE annual technical conference and exhibition, Dallas, Texas*. https://doi.org/10.2118/95568-MS.

Warren, J. E., & Root, P. J. (1963). The behavior of naturally fractured reservoirs. *Society of Petroleum Engineers Journal*, 3(03), 245–255. https://doi.org/10.2118/426-PA.

Wasaki, A., & Akkutlu, I. Y. (2015). Permeability of organic-rich shale. *SPE Journal*, 20(6), 1384–1396. https://doi.org/10.2118/170830-Pa.

Webb, S. W., & Pruess, K. (2003). The use of Fick's law for modeling trace gas diffusion in porous media. *Transport in Porous Media*, 51(3), 327–341. https://doi.org/10.1023/A:1022379016613.

Weng, X. (2015). Modeling of complex hydraulic fractures in naturally fractured formation. *Journal of Unconventional Oil and Gas Resources*, 9, 114–135. https://doi.org/10.1016/j.juogr.2014.07.001.

Weng, X., Kresse, O., Cohen, C.-E., Wu, R., & Gu, H. (2011). Modeling of hydraulic-fracture-network propagation in a naturally fractured formation. *SPE Production & Operations*, 26(04), 368–380. https://doi.org/10.2118/140253-PA.

Whitney, D. D. (1988). *Characterization of the non-Darcy flow coefficient in propped hydraulic fractures*. Thesis (M.S.). University of Oklahoma.

Wilke, C. R., & Chang, P. (1955). Correlation of diffusion coefficients in dilute solutions. *Aiche Journal*, 1(2), 264–270. https://doi.org/10.1002/aic.690010222.

Wong, S. W. (1970). Effect of liquid saturation on turbulence factors for gas-liquid systems. *Journal of Canadian Petroleum Technology*, 9(4), 274.

Wrightstone, G. (2009). Marcellus shale-geologic controls on production. In AAPG *annual convention*.

Wu, K. L., Li, X. F., Wang, C. C., Chen, Z. X., & Yu, W. (2015). A model for gas transport in microfractures of shale and tight gas reservoirs. *Aiche Journal*, 61(6), 2079–2088. https: //doi.org/10.1002/aic.14791.

Wu, K. (2013). Simultaneous multi-frac treatments: fully coupled fluid flow and fracture mechanics for horizontal wells. In *Paper presented at the SPE annual technical conference and exhibition, New Orleans, Louisiana, USA*. https: //doi.org/ 10.2118/167626-STU.

Wu, K. (2014). *Numerical modeling of complex hydraulic fracture development in unconventional reservoirs*. Doctor of Philosophy. The University of Texas at Austin.

Wu, Kan, & Olson, J. E. (2013). Investigation of the impact of fracture spacing and fluid properties for interfering simultaneously or sequentially generated hydraulic fractures. *SPE Production & Operations*, 28(04), 427–436. https: //doi.org/ 10.2118/163821-PA.

Wu, R., Kresse, O., Weng, X., Cohen, C.-E., & Gu, H. (2012). Modeling of interaction of hydraulic fractures in complex fracture networks. In *Paper presented at the SPE hydraulic fracturing technology conference, The Woodlands, Texas, USA*. https: //doi.org/10.2118/152052-MS.

Xu, G., & Wong, S.-W. (2013). Interaction of multiple non-planar hydraulic fractures in horizontal wells. In *Paper presented at the international petroleum technology conference, Beijing, China*. https: //doi.org/10.2523/IPTC-17043-MS.

Xu, W., Thiercelin, M. J., Ganguly, U., Weng, X., Gu, H., Onda, H., et al. (2010). Wiremesh: A novel shale fracturing simulator. In *Paper presented at the international oil and gas conference and exhibition in China, Beijing, China*. https: // doi.org/10.2118/132218-MS.

Yang, C., Card, C., & Nghiem, L. (2009). Economic optimization and uncertainty assessment of commercial SAGD operations. *Journal of Canadian Petroleum Technology*, 48(09), 33–40. https: //doi.org/10.2118/09-09-33.

Yang, C., Nghiem, L. X., Card, C., & Bremeier, M. (2007). Reservoir model uncertainty quantification through computer-assisted history matching. In *Paper presented at the SPE annual technical conference and exhibition, Anaheim, California, USA*. https: //doi.org/10.2118/109825-MS.

Yao, J., Sun, H., Fan, D. Y., Huang, Z. Q., Sun, Z. X., & Zhagn, G. H. (2013). Transport mechanisms and numerical simulation of shale gas reservoirs. *Journal of China University of Petroleum*, 37(1), 8.

Ye, G. H., Zhou, X. G., Yuan, W. K., Ye, G. H., & Coppens, M. O. (2016). Probing pore blocking effects on multiphase reactions within porous catalyst particles using a discrete model. *Aiche Journal*, 62(2), 451–460. https: //doi.org/ 10.1002/aic.15095.

Yew, C. H., & Weng, X. (2014). *Mechanics of hydraulic fracturing*. Elsevier Science.

Young, R. N., & Southard, J. B. (1978). Erosion of fine-grained marine sediments: Sea-floor and laboratory experiments.GSA *Bulletin*,89(5),663–672. https: //doi.org/10.1130/0016-7606(1978)89<663: EOFMSS>2.0.CO; 2.

Yousefzadeh, A., Qi, L., Virues, C., & Aguilera, R. (2017). Comparison of PKN, KGD, Pseudo3D, and diffusivity models for hydraulic fracturing of the horn river basin shale gas formations using microseismic data. In *Paper presented at the SPE unconventional resources conference, Calgary, Alberta, Canada*. https: //doi.org/10.2118/185057-MS.

Yu, W. (2015). *Developments in modeling and optimization of production in unconventional oil and gas reservoirs*. Doctor of Philosophy. The University of Texas at Austin.

Yu, W., & Sepehrnoori, K. (2013). Optimization of multiple hydraulically fractured horizontal wells in unconventional gas reservoirs. In *Paper presented at the SPE production and operations symposium,*

Oklahoma City, Oklahoma, USA. https://doi.org/10.2118/164509-MS.

Yu, W., & Sepehrnoori, K. (2014). An efficient reservoir-simulation approach to design and optimize unconventional gas production. *Journal of Canadian Petroleum Technology*, 53(02), 109–121. https://doi.org/10.2118/165343-PA.

Yu, W., & Sepehrnoori, K. (2014). Simulation of gas desorption and geomechanics effects for unconventional gas reservoirs. *Fuel*, 116, 455–464. https://doi.org/10.1016/j.fuel.2013.08.032.

Yu, W., Gao, B., & Sepehrnoori, K. (2014). Numerical study of the impact of complex fracture patterns on well performance in shale gas reservoirs. *Journal of Petroleum Science Research*, 3(2). https://doi.org/10.14355/jpsr.2014.0302.05.

Yu, W., Lashgari, H. R., Wu, K., & Sepehrnoori, K. (2015). CO_2 injection for enhanced oil recovery in Bakken tight oil reservoirs. *Fuel*, 159, 354–363. https://doi.org/10.1016/j.fuel.2015.06.092.

Yu, W., Sepehrnoori, K., & Patzek, T. W. (2016). Modeling gas adsorption in Marcellus shale with Langmuir and BET isotherms. *SPE Journal*, 21(02), 589–600. https://doi.org/10.2118/170801-PA.

Yu, W., Sepehrnoori, K., & Wiktor Patzek, T. (2014). Evaluation of gas adsorption in Marcellus shale. In *Paper presented at the SPE annual technical conference and exhibition, Amsterdam, The Netherlands*. https://doi.org/10.2118/170801-MS.

Yu, W., Varavei, A., & Sepehrnoori, K. (2015). Optimization of shale gas production using design of experiment and response surface methodology. *Energy Sources, Part A: Recovery, Utilization, and Environmental Effects*, 37(8), 906–918. https://doi.org/10.1080/15567036.2013.812698.

Yuan, B., Wood, D. A., & Yu, W. Q. (2015). Stimulation and hydraulic fracturing technology in natural gas reservoirs: Theory and case studies (2012–2015). *Journal of Natural Gas Science and Engineering*, 26, 1414–1421. https://doi.org/10.1016/j.jngse.2015.09.001.

Yuan, W., Pan, Z., Xiao, L., Yang, Y., Zhao, C., Connell, L. D., et al. (2014). Experimental study and modelling of methane adsorption and diffusion in shale. *Fuel*, 117, 509–519. https://doi.org/10.1016/j.fuel.2013.09.046.

Yun, J. H., Duren, T., Keil, F. J., & Seaton, N. A. (2002). Adsorption of methane, ethane, and their binary mixtures on MCM-41: Experimental evaluation of methods for the prediction of adsorption equilibrium. *Langmuir*, 18(7), 2693–2701. https://doi.org/10.1021/la0155855.

Zarragoicoechea, G. J., & Kuz, V. A. (2004). Critical shift of a confined fluid in a nanopore. *Fluid Phase Equilibria*, 220(1), 7–9. https://doi.org/10.1016/j.fluid.2004.02.014.

Zeng, Y., Ning, Z., Lei, Y., Huang, L., Lv, C., & Hou, Y. (2017). Analytical model for shale gas transportation from matrix to fracture network. In *Paper presented at the SPE europec featured at 79th EAGE conference and exhibition, Paris, France*. https://doi.org/10.2118/185794-MS.

Zhang, M., Yao, J., Sun, H., Zhao, J. L., Fan, D. Y., Huang, Z. Q., et al. (2015). Triple-continuum modeling of shale gas reservoirs considering the effect of kerogen. *Journal of Natural Gas Science and Engineering*, 24, 252–263. https://doi.org/10.1016/j.jngse.2015.03.032.

Zhang, T., Ellis, G. S., Ruppel, S. C., Milliken, K., & Yang, R. (2012). Effect of organic-matter type and thermal maturity on methane adsorption in shale-gas systems. *Organic Geochemistry*, 47, 120–131. https://doi.org/10.1016/j.orggeochem.2012.03.012.

Zhang, W., Xu, J., Jiang, R., Cui, Y., Qiao, J., Kang, C., et al. (2017). Employing a quad-porosity numerical model to analyze the productivity of shale gas reservoir. *Journal of Petroleum Science and Engineering*, 157, 1046–1055. https://doi.org/10.1016/j.petrol.2017.07.031.

Zhang, X., Du, C., Deimbacher, F., Martin, C., & Harikesavanallur, A. (2009). Sensitivity studies of horizontal wells with hydraulic fractures in shale gas reservoirs. In *Paper presented at the international petroleum technology conference*, Doha, Qatar. https://doi.org/10.2523/IPTC13338-MS.

Zhang, Y., Civan, F., Devegowda, D., & Sigal, R. F. (2013). Improved prediction of multi-component hydrocarbon fluid properties in organic rich shale reservoirs. In *Paper presented at the SPE annual technical conference and exhibition, New Orleans, Louisiana, USA*. https://doi.org/10.2118/166290-MS.

Zhang, Y., Yu, W., Li, Z., & Sepehrnoori, K. (2018). Simulation study of factors affecting CO_2 Huff-n-Puff process in tight oil reservoirs. *Journal of Petroleum Science and Engineering*, 163, 264-269. https://doi.org/10.1016/j.petrol.2017.12.075.

Zheltov, A. K. (1955). 3. Formation of vertical fractures by means of highly viscous liquid. In *Paper presented at the 4th world petroleum congress, Rome, Italy*.

Zheng, D., Yuan, B., Rouzbeh, G., & Moghanloo. (2017). Analytical modeling dynamic drainage volume for transient flow towards multi-stage fractured wells in composite shale reservoirs. *Journal of Petroleum Science and Engineering*, 149, 756-764. https://doi.org/10.1016/j.petrol.2016.11.023.

Zhou, W., Banerjee, R., Poe, B. D., Spath, J., & Thambynayagam, M. (2013). Semianalytical production simulation of complex hydraulic-fracture networks. *SPE Journal*, 19(01), 6-18. https://doi.org/10.2118/157367-PA.

Zimmerman, R. W., Chen, G., Hadgu, T., & Bodvarsson, G. S. (1993). A numerical dual-porosity model with semianalytical treatment of fracture/matrix flow. *Water Resources Research*, 29(7), 2127-2137. https://doi.org/10.1029/93WR00749.